图说经典百科

图说 航空知识

《图说经典百科》编委会 编著

彩色图鉴

南海出版公司

编目（CIP）数据

空知识 ／ 《图说经典百科》编委会编著． ——

海出版公司，2015.9（2022.3重印）

978-7-5442-7968-0

①图… Ⅱ．①图… Ⅲ．①航空－图解 Ⅳ．

54

中国版本图书馆CIP数据核字（2015）第204907号

TUSHUO HANGKONG ZHISHI

图说航空知识

编　　著	《图说经典百科》编委会	
责任编辑	张爱国　吴燕梅	
出版发行	南海出版公司　电话：（0898）66568511（出版）	
	（0898）65350227（发行）	
社　　址	海南省海口市海秀中路51号星华大厦五楼	邮编：570206
电子信箱	nhpublishing@163.com	
经　　销	新华书店	
印　　刷	北京兴星伟业印刷有限公司	
开　　本	787毫米×1092毫米　1/16	
印　　张	7	
字　　数	70千	
版　　次	2015年12月第1版　　2022年3月第2次印刷	
书　　号	ISBN 978-7-5442-7968-0	
定　　价	36.00元	

探索浩瀚的太空，是人类千百年来的美好梦想。人们憧憬着能随心所欲地遨游太空，与外星人对话交流，去太空休闲旅游度假，去拜访嫦娥的宫殿……

我们的祖先有着未能登天的遗憾，可随着科技的进步，今天的人们已经能够自在地穿梭于天空之中。科技的发展和知识的普及不仅为我们解开了飞行的奥秘，也让我们看到了先前的探索者是如何一步步"走"上天空，弥补祖先留下的遗憾的。

今天的我们，正见证着航天技术的飞速发展：多姿多彩的火箭，形态各异的人造卫星，还有宇宙飞船、航天飞机、空间探测器、空间站，这些航天器大家族共同谱写着远征天疆的雄壮乐章。

我们在油然而生的自豪感中，将目光投向航空世界的未来。在那里，我们甚至还可以改变天气，享受更多无与伦比的惬意！

目录
Contents

Ch1 1 漫步太空——人类的飞天梦想

Ch2 33 进入星际空间——生存空间的终极探索

Ch3 57 空间站——探秘走出地球的驿站

Ch4 77 宇航员——太空里程碑上的飞天英雄

Ch5 93 宇宙飞船——向太空长征的地球守护者

目录
Contents

图说经典百科

第一章

漫步太空——
人类的飞天梦想

　　月球是被人们研究得最透彻的天体。人类至今为止第二个亲身到过的天体就是月球。月球是环绕地球运行的一颗卫星，它是地球唯一的一颗天然卫星，也是离地球最近的天体。

　　飞上太空，到月球漫步，揭开月球的神秘面纱，是地球人千百年来的梦想。

人体直升机：像鸟儿一样自由翱翔

瑞士飞行员伊夫·罗西像鸟儿一样自由翱翔在天空，创造了人类航空史上的又一个奇迹，成为航空史上第一个飞跃海峡的"人体直升机"。

世界上第一个"空中飞人"

2008年9月26日，瑞士飞行员伊夫·罗西背着他的碳纤维动力翼，乘坐一架轻型飞机从法国北部加莱市升空，飞机到达8000英尺（约2438.4米）的高度时，他点燃了安装在动力翼下方的4个小型喷气引擎，然后跳出飞机。

整个飞行过程持续了10多分钟，共有4架飞机一直跟在罗西身后，以防飞行途中发生意外。罗西身上并没有携带任何高科技导航设备，只是在头盔上安装了一个高度测量仪。如果想要掌控飞行和降落

的方向，罗西需要小心翼翼地移动手脚，这是他从高空跳伞运动中学到的技巧。

动力翼的两翼在飞机里是收起的。罗西跳出飞机后，拉动一个绳子展开两翼（翼展约为2.4米），紧接着进行了几秒钟的自由落体运动（时速约322千米），然后就开始向水平方向过渡，并以180千米的时速飞向英国。最终，罗西成功地打开了降落伞，安全降落在英国多佛尔地区的海岸上。

伊夫·罗西终于成功实现了儿时的梦想——像鸟儿一样在天空自由翱翔，他身背一副喷气动力翼，成功飞跃英吉利海峡，创造了人类航空史上的又一个奇迹，成为航空史上第一个飞跃海峡的"人体直升机"。

"空中飞人"的全副武装

防火服和防火靴：背着几个点燃的引擎，当然要穿能够防火的衣

服和鞋，才不会被烤焦。这套衣服是为罗西量身定做的，靴子还在脚踝处加上了特别保护装置，以防罗西在落地时扭伤。

降落伞：罗西身上背着3副降落伞，包括主降落伞、副降落伞和减速降落伞。另外，飞行翼上还有一个单独的降落伞，万一罗西要抛掉飞行翼，它也能安全降落，不致被摔毁。

头盔：头盔内部装有多个声音高度计，会在不同高度发出大小不一的声响。如果罗西在1800英尺（约548.64米）处仍未能打开降落伞，那就意味着他要有麻烦了，这时高度计会发出最大的声音警告。

飞行翼：翼展长8英尺（约2.4米），下面安装4个喷气引擎。这也是针对罗西的体形特制的，穿上后，他看起来就像一只巨大的蜻蜓。

扩展阅读

52岁的罗西从17岁开始就在瑞士空军服役，曾驾驶过各种类型的喷气式战斗机。退役后，他成为瑞士国际航空公司的飞行员，驾驶波音747飞遍了世界。

由于经验丰富，他最终成为空中客车的机长。也是在这个时候，他迷上了空中冲浪，就是背着跳伞包、踩着冲浪板在空中摆出各种造型。

虽然罗西将他的技术称为"007与雷鸟号"，但他的"实验室"内却没有科研人员，没有高新技术设备，能找到的只有一些冲床、机翼和废旧发动机，这简直就是一个玩具工厂。而罗西乐观地表示："我喜欢我的玩具，我感觉自己就是一个大鸟。可以说我和我的飞行器完美地结合在一起，能像鸟儿一样自由飞翔，是我儿时的梦想……"

↓绚烂夜空

梦想升起的地方：中国四大卫星发射中心

因为有了四大发射基地，我们的航天梦想才得以实现。我国的四大卫星发射中心分别是甘肃酒泉卫星发射中心、山西太原卫星发射中心、四川西昌卫星发射中心和海南文昌航天发射场。

甘肃酒泉卫星发射中心

酒泉卫星发射中心又称"东风航天城"，是中国科学卫星、技术试验卫星和运载火箭的发射试验基地之一，是中国创建最早、规模最大的综合型导弹、卫星发射中心，也是中国目前唯一的载人航天发射场。

酒泉卫星发射中心位于甘肃省酒泉市和内蒙古自治区阿拉善盟额济纳旗境内，是测试及发射长征系列运载火箭、中低轨道的各种试验卫星、应用卫星、载人飞船和火箭

导弹的主要基地，并肩负着残骸回收、航天员应急救生等任务。

中心自1958年创建以来，曾为中国航天事业的发展创造过骄人的十个第一。至今，酒泉卫星发射中心已成功发射了21颗科学试验卫星。其中，这里发射的8颗可回收卫星成功率达100%。

酒泉卫星发射中心成功发射了13艘神舟飞船、2艘天宫空间实验室，相继将多位航天员安全顺利送往太空；这里，奇迹般走出了34位将军；这里，是世界三大航天发射场之一。

山西太原卫星发射中心

太原卫星发射中心始建于1967年。目前，中心已建成具有多功能、多发射方式，集指挥控制、测控通信、综合保障系统于一体的现代化发射场，航天发射综合能力实现了从每年执行1次发射任务到每年执行10次以上高密度火箭卫星发

射任务的跃升。中心先后成功发射了我国第一颗太阳同步轨道气象卫星"风云一号"，第一颗中巴"资源一号"卫星，第一颗海洋资源勘察卫星等，创造了我国卫星发射史上的9个第一。

1968年12月18日，中国自己设计制造的第一枚中程运载火箭发射成功。1988年9月7日和1990年9月3日，该中心用"长征4号"运载火箭成功地将中国第一颗和第二颗"风云一号"气象卫星送入太阳同步轨道。太原卫星发射中心还进行过一系列运载火箭试验。1997年12月8日，该中心第一次执行国际商业发射，成功地将美国摩托罗拉公司制造的两颗铱星送入预定轨道。1999年5月10日，该中心用"长征4号乙"运载火箭成功地将"风云一号"气象卫星和"实践五号"科学实验卫星送入轨道高度为870千

↓人造卫星在预定轨道运行

米的太阳同步轨道。这是该中心连续第七次成功地以"一箭双星"方式进行的航天发射。1997年至2002年的5年多时间里，太原卫星发射中心一共发送22颗卫星，成功率达100%，扭转了"八五"时期、"九五"时期中国航天发射的严峻局面，使中国航天在国际上重振雄风。

四川西昌卫星发射中心

西昌卫星发射中心始建于1970年，于1982年交付使用，1984年1月发射中国第一颗通信卫星。中心由总部、发射场（技术区和两个发射工位）、通信总站、指挥控制中心和三个跟踪测量站，以及其他一些相关的生活保障（医院、宾馆等）单位组成。发射场的坐标位置为东经102度、北纬28.2度。中心主要担负广播、通信和气象等地球同步轨道（GTO）卫星发射的组织指挥、测试发射、主动段测量、安全控制、数据处理、信息传递、气象保障、残骸回收、试验技术研究等任务。

西昌卫星发射中心（XSLC），又称"西昌卫星城"，是主要承担地球同步轨道卫星的发射任务的航天发射基地，担负通信、广播、

第一章　漫步太空——人类的飞天梦想

气象卫星等试验发射和应用发射任务。西昌卫星发射中心是中国目前对外开放中规模最大、设备技术最先进、承揽外星发射任务最多、具备发射多型号卫星能力的新型航天器发射场。到2011年初，西昌卫星发射中心成功将61颗国内外卫星送入太空，为祖国争得了荣誉。1990年4月7日，该中心成功发射了美国制造的亚洲一号通信卫星。西昌卫星发射中心是中国对外开放最早、承担外星发射最多、自动化程度较高、综合发射能力较强的航天发射场。

现今，随着科技的不断进步，西昌卫星发射中心已实现了从每年执行2—3次发射任务提高至每年执行10次以上火箭卫星发射任务。

海南文昌航天发射场

文昌航天发射场位于中国海南省文昌市附近约北纬19度19分0秒，东经109度48分0秒，是中国以前的一个发射亚轨道火箭（如弹道导弹）的测试基地。现在文昌航天发射场正在扩张，努力建设中华人民共和国的第四个卫星发射中心。由于此地点的纬度较低，离赤道只有19度，地球自转造成的离心力可以让火箭负载更多的物品。

建设新航天发射场，是为了适应我国航天事业可持续发展战略，满足新一代无毒、无污染运载火箭和新型航天器发射任务需要。建成后，该发射场主要承担地球同步轨道卫星、大质量极轨卫星、大吨位空间站和深空探测卫星等航天器的发射任务。

海南发射火箭的历史可追溯至20世纪80年代。1988年12月5日，中国第一座用于科学研究的探空火箭发射场在海南岛西海岸建成，主要是发射亚轨道火箭（如弹道导弹）的测试基地。同年12月19日，发射场成功发射了火箭。该发射场是世界上少数几个靠近赤道的火箭发射试验基地之一，它的建成对中国发展空间科学和航天技术具有重要意义。

中国天文台

天文台是专门进行天象观测和天文学研究的机构，世界各国天文台大多设在山上。每个天文台都拥有一些观测天象的仪器设备，主要是天文望远镜。

北京古观象台

北京古观象台，位于北京市建国门，始建于明正统七年(1442年)，是中国明清两代的天文观测中心，也是世界上最古老的天文台之一。北京古观象台在明朝时被称为"观星台"，台上陈设有简仪、浑仪和浑象等大型天文仪器，台下陈设有圭表和漏壶。清代时观星台改称"观象台"，辛亥革命后改为中央观星台。清代康熙和乾隆年间，天文台上先后增设了八件铜制的大型天文仪器，均采用欧洲天文学度量制和仪器结构。从明朝正统年间

到1929年为止，北京古观象台连续从事天文观测达五百年，在世界上现存的古观象台中保持着连续观测最久的历史纪录。而且，它还以建筑完整和仪器配套齐全而在国际上久负盛名。现在北京古观象台已经改建为北京古代天文仪器陈列馆，属于北京天文台，继续在科学和科普领域发挥着重要作用。

国家天文台

国家天文台经国家有关部门批准，于2001年4月宣布建立，由中国科学院天文领域原四台三站一中心撤并整合而成。国家天文台由总部及4个下属单位组成。原北京天文台的各项事宜由国家天文台总部负责。下属单位分别是：中国科学院国家天文台云南天文台，中国科学院国家天文台南京天文光学技术研究所，中国科学院国家天文台乌鲁木齐天文站和中国科学院国家天文台长春人造卫星观测站。其中

南京天文光学技术研究所由原南京天文仪器研制中心改制为科技型企业。在中国科学院实施的知识创新工程中，国家天文台的奋斗目标是建成具有强大科技创新和持续发展能力、特色鲜明的、为世界公认的高水平天文台，成为中国在国际天文学界的主要代表。

上海天文台

中国科学院上海天文台成立于1962年，它的前身是法国天主教耶稣会于1872年建立的徐家汇观象台和1900年建立的佘山观象台。上海天文台以天文地球动力学和银河系、星系天体物理为主要学科发展方向，拥有甚长基线干涉测量（VLBI）、卫星激光测距（SLR）、全球定位系统（GPS）等多项现代空间天文观测技术，是世界上同时拥有这些技术的7个台站之一。主要设备有：25米射电望远镜，1.56米光学望远镜，60厘米人造卫星激光测距仪，40厘米双筒折射望远镜，Reque8100GPS接收机和氢原子钟等。经国务院学位委员会批准，上海天文台为天文学一级学科博士和硕士学位授权点。

紫金山天文台

中国科学院紫金山天文台，是我国最著名的天文台之一，始建于1934年，位于南京市东南郊风景优美的紫金山上。紫金山天文台是一个综合性的天文台，始建时拥有60厘米口径的反射望远镜、20厘米折射望远镜附有口径15厘米的天体照相仪和太阳分光镜等设备，抗日战争时期部分仪器迁往昆明，其余遭到破坏。1949年新中国成立后，修复了损坏的天文仪器，并先后增置了色球望远镜、定天镜、双筒折射望远镜、施密特望远镜和射电望远镜等先进的天文仪器，可以进行恒星、小行星、彗星和人造卫星的观测与研究，以及对太阳的常规观测，研究太阳的活动规律并做出太阳活动预报。紫金山天文台还是中国历算的权威机构，负责编算和出版每年的《中国天文年历》《航海天文历》等历书。紫金山天文台从1999年开始建造我国最大的近地天体探测望远镜。这架望远镜在全世界同类型望远镜中排在前五位。这架望远镜的球面反射镜直径为1.20米，通光口径为1米，目前已经在紫金山天文台观测站安家落户。

探索月球的奥秘

皓月当空，人们每天都可以看到它散发出的淡淡光辉，却不知道上面究竟是什么样子。千百年来，人们无时无刻不在盼望着揭开月球的面纱，看看它真实的模样。

第一幅月面图的诞生

1608年，荷兰一位磨眼镜片的工人发现，把几片经过磨制的玻璃摆在适当的位置上，就可以使远处的景物看起来如在眼前。从此人类有了望远镜。

伽利略听到这个消息后，立刻联想到遥远的天空能不能用望远镜来观测呢？他凭借自己丰富的物理光学知识，很快就制成了人类第一个天文望远镜。

1610年，伽利略把望远镜伸向天空，观测的第一个目标就是月亮。"啊！"他惊讶地大叫起来，因为他无论如何也没有想到，人们心目中圣洁无瑕的月亮竟会是这个样子。

那想象中应该是平坦光滑的月面上布满了高山和深谷，还有大片大片黑暗的地区。伽利略想，大片黑暗的地区一定是大海。

他根据自己的观察画了第一幅月面图，还给两条最明显的山脉起了名字，叫阿尔卑斯山脉和亚平宁山脉；又给两个海起了云海、湿海的名称。他把自己的观测结果公布于世，几乎所有的人都被震惊了。

以科学家名字命名的月球环形山

月球上的山很特别，一座一座的山像一个一个的碗，每一座山圆圆地围成一圈，称为环形山。环壁就是山，环壁中央围成的低地称为环底。

有趣的是，在一些比较大的环形山中间，还有一个或几个中央峰，像锥子似的矗立在环形山中央。

月球上的环形山数也数不清。初步统计，直径在一千米以上的就有33000多个。最大的贝利环形山直径有295千米；另一个克拉维环形山，直径也有230千米。

比较大的环形山都是用科学家的名字命名的，最著名的有哥白尼环形山、阿基米德环形山、托勒密环形山、伊巴谷环形山等。此外还有以我国科学家石申、张衡、祖冲之、郭守敬等人的名字命名的环形山。

月亮上的特产：环形山之最

月球上的环形山一般是圆形的，四周山壁突出，内坡比较陡峭，外坡比较平缓，样子很像火山口。有些环形山中心还耸立着一个孤立的山峰，叫"中央峰"。环形山的山壁有高有低，一般高度在200—500米之间。

环形山的范围有大有小，最大的环形山是月亮南部边缘的贝利环形山，直径295千米，四周山壁高达4250米，简直是被高山包围的大平原，把我国的海南岛装进去还绰绰有余。

有些环形山四周山壁不高，可是中间底部深陷。最深的是牛顿环形山，比外围的平原低7千米，比山壁低8858米，把地球上最高的珠穆朗玛峰装进去都看不见顶峰。

环形山是火山爆发形成的吗

"火山爆发说"认为，月球质量小，又没有地球那样的"铁心"，所以它对表面物质的吸引力就小，火山爆发的规模就会很大，因此形成巨大的"火山口"。

加之月球上没有空气和水，没有风吹雨打的侵蚀，火山口就可以长期地、原封不动地保持它的原貌。我们地球上的火山爆发也形成过与月球环形山十分相似的火山口，但地球风化现象严重，火山口就逐渐被侵蚀得不那么明显了。

天体撞击形成环形山：果真如此吗

"天体撞击说"认为，月球没有空气，在遭受流星、陨石撞击的时候，月球不能保护自己。经过亿万年天体的撞击，月面就成了今天这种"坑坑洼洼"的样子，所以"环形山"又叫"月坑"。

探索火星的意义

红色的火星承载着人类探索宇宙的梦想。当人类频频向火星派出"特约使者"的时候，探索火星的热潮使我们再次将目光投向遥远的宇宙。那么，火星探索之旅的意义何在，它又将为人类带来怎样的震撼呢？火星曾被科学家誉为"袖珍地球"。在这个直径只有地球一半，但同样具有许多地球特征的神秘星球上，人类正在寻觅着水与生命的痕迹。

水的第二故乡

水是生命存在的根基。在地球以外的所有行星中，距离地球最近的火星成为科学家寻找水资源的首选。美欧火星探测器纷纷飞入太空，其主要目的就是采集火星表面上的土壤、大气和岩石样本，找出火星上存在水资源的证据。科学家在研究中发现，火星曾经温暖湿润，适宜生物生长，而且火星和地球都有大气层和季节变化，这些共同点也让科学家对在火星上找到水资源寄予厚望。但科学家们经研究后发现，火星除南北极存在干冰外，大部分地区已经成了干燥的"戈壁滩"。因此，探索火星对人类保护环境资源和解决地球水资源短缺问题都具有非常重要的意义。

生命的第二摇篮

对火星上生命的探索是人类重要的追求，人类在期待与火星生物会面的同时，也在渴望开发出新的生存空间。正在太空进行火星探测之旅的美国"勇气号"和"机遇号"火星探测器将用更先进的生化手段探测火星上是否存在过生命，是否还尚存微量生物的迹象。无论火星是否能成为孕育生命的摇篮，对它的探索都会对保护地球起到积极的作用。如果火星上曾经有过生命，其灭绝或仍旧存在对地球都有借鉴作用；如果它从未有过生命，那将证明火星一定缺少了某些适合生命存在的独特元素，这也促使我们更加珍惜地球所拥有的环境和资源。

承载人类征服外空的梦想

追忆古时，人类便将美丽的火星视为外空中神秘的红色星球，揭开它神秘面纱的梦想从未消失。随着科学技术的发展，人类开启了对火星的漫漫探索之路，从地球这个蓝色星球飞往红色星球的探索旅程成为人类征服自身，展现科技进步的广阔舞台。蓝、红两色星球的相互"问候"，仿佛是在空间交织而成的绚丽彩带，承载着人类探索外空的梦想。抢占外空有利位置目前已成为各科技大国竞争的最新平台，在人类共同的追求中，火星在召唤着更多的"探测使者"。

知识链接

人类之所以对火星感兴趣，是因为火星与地球最为相似。目前的探测结果表明：它是一颗离地球最近的行星；上面有大气，主要成分是二氧化碳，约占95.3%，其余是氮、氩、一氧化碳、氧气等，水汽很少，平均约为大气总量的0.01%；其表面大气压为0.75千帕，相当于地球30至40千米高处的大气压；火星公转周期约687天，自转周期为24小时37分23秒，一年有明显的四季变化；它表面平均温度比地球低30℃以上，其中赤道附近最高温度约20℃，夜间最低温度在－80℃以下。

↓探索火星

月球知识知多少

我们的月亮是一颗美丽的卫星。月亮，是人类飞出地球步入太空的第一个中途站，是人类在地球之外留下足迹的唯一星球。世界上没有一个民族不对月亮抱有浓厚的感情。

月亮离我们有多远

月球是离地球最近的天体，它与地球的平均距离是38.44万千米，与地球近地点距离为35.7万千米；与地球最远的远地点距离为40.6万千米。

由于月球环绕地球运行是以轴心为主的椭圆形的轨道，因此，月球距离地球最远比最近时多5万千米。

月球的平均直径是3476千米，面积达3800万平方千米，其质量大约相当于地球质量的八十分之一，密度只有地球的五分之三。在月球上几乎没有大气和水分。

月光从月球传到地球的时间只要1.3秒，也就是眨眼的工夫。可是这么短的时间，它的路程却有38万多千米。现在月球正以每年3.8厘米的速度与地球拉开距离。

月亮围绕地球转

月球绕地球旋转叫月球的公转。月球的运动是自西向东的，它的轨道同所有天体的轨道一样，也是椭圆状的，距地球最近的一点叫近地点，而离地球最远的那一点叫远地点。

月亮向西运动（从地球上看）的证据是它每次西沉的时刻大约要推迟49分钟。若相对恒星来说，它的运动周期约27.3天，即在此时间内，它在空间运转360°；但与此同时，地球也一直不停地绕日运转，因此月亮要完成它的一个相位周期，即从新月开始经满月又回到新月就应再增加2天多，共计约

29.53天。 因此月亮的恒星运动周期约27.3天，叫恒星月；而相对日地连线的运动周期约29.53天，叫朔望月；朔望月便是月份制定的依据。

从地球上眺望月亮，似乎觉得月球并没有自转，因为它总是以同一面向着地球的，人们总是看到同样的斑点，即"吴刚砍伐桂树"的一面，其实这一点正说明月球在自转，其自转周期恰好与它的公转周期相等。假设月亮公转与自转相等，当月球经过它轨道的四分之一时，它本身也自转了90°的弧，此时月球上的斑点就恰好正对着地球了；反之，倘若月球不自转，那么月亮的斑点将每月转动一周，这样我们就不能看到月球上同样的斑点。

月亮为什么不会掉下来

根据万有引力定律，地球和月亮之间也存在着巨大的吸引力。那么，月亮为什么不像苹果那样掉下来呢？

这个道理并不复杂。如果用一根绳子拴着一块石头，然后甩着它旋转，只要转得快，石块就不会掉下来。月亮绕地球的速度有1千米／秒，这就是它能克服地球的引力而不下落的原因。

如果月亮的速度不快，它就难免要落下来。同样，要是人们在甩石头的时候突然松手或绳子突然断裂，石块将沿切线方向飞走。

地球与月亮之间的引力就像一根拉紧的绳子，如果引力突然消失，月亮就会像断了线的石块一样沿着切线方向飞走。因此，地球和月球之间的引力，就像一根无形的绳子将它们拴在一起，使月亮绕地球运动。

↓以科学家名字命名的月球环形山

认识月球：登月的意义与价值

我们探索月球的目的，并不是想从月球上寻找生命，而是想把月球开辟成一个宇宙航行的基地，从这里向更远的宇宙空间探索。

流星无情地在月球上留下数不清的伤痕

月球上有大大小小数不清的坑，这是由宇宙中的流星击中月球所造成的。为什么月球这么"不幸"呢？说来还得怪月球自己，因为月球的引力很小，它"抓"不住空气，所以月球上的大气层很薄很薄。流星在闯入月球的过程中不能与大气产生摩擦而燃烧，可以毫无阻碍地砸到月球上，于是留下了点点"伤痕"。

月球是一个完全没有生命现象的星球。我们探索月球的目的，并不是想从月球上寻找生命，而是想把月球开辟成一个宇宙航行的基地，从这里向更远的宇宙空间探索。此外，由于在月球上更便于了解宇宙空间的知识，我们可以把探测仪器放在那里，获得更多的宝贵资料。

另外，月球一直保持着原始的未开发状态，还是几千万甚至几亿年前的老模样，因此研究月球岩石和地质构造，对了解地球的生成及演变是很有帮助的，这就是人们一直对月球感兴趣的原因之一。

月球是"冷"是"热"：众说纷纭

在"阿波罗"宇宙飞船登月前，许多天文学家认为月球与地球有相同球粒陨石的成分。有的学者以为月球相当热，有的人则认为月球十分寒冷，一段时间里，关于月球是"冷"是"热"的争论持续不休，许多科学家都各执己见。

1893年，格罗夫·卡尔·吉伯特

(1843—1918)对月球表面提出了新的解释，支持月球寒冷学派，并假定平坦的浅灰色月球表面是与巨大的物体面碰撞而成的。

1961年获得诺贝尔化学奖的哈罗德·克莱顿·尤里(1893—1981)这样解释他看到的月－地之间的差别："地壳岩石是由于经过未完全熔化过程和长期的分裂而形成的，在月球上似乎未产生后期的分化。"

美国史密森天体物理观测台台长弗雷德·惠普尔认为，月球上有许多火山活动证据，火山口是小行星或陨星碰撞的结果。

天文学家推测，大部分月面的坑是由于强大物体碰撞，通过热和压力使岩石成形。

1963年英国天文学家帕特里克·穆尔指出，月球硬壳是灼热黏稠岩浆的固化；1966年美国地质学家杰克·格林描述月球海是由玄武岩构成的，像地球上的火成岩，一种由岩浆冷却而形成的岩石。

经过对美国宇航员采集回来的月岩分析，证实了美国耶基斯和麦克唐纳天文台台长杰勒德·凯珀(1905—1973)于1954年提出的结论：月球是由放射性热物质构成的。

月球起源的三个学派

凯珀主张月球的形成与地球一样长久，是由同一片星云所形成；科学家尤里假定月球原本只是太阳系的一颗小行星，后来在地球附近被地球的引力捕获，这是从动力学观点推测月球起源；乔治·达尔文(1854—1912)提出了第三种不同的说法。他介绍说，在聚变过程中，月球是由地球喷射出的物质中一个巨大的物质迅速旋转形成；那个巨大的物质停留在近地球轨道上，以后由于潮汐驱动分开成为月球。

他的设想得到美国天文学家威廉·皮克林的支持。他还进一步认为太平洋盆地是这次分化的遗迹。

苏联对月球起源所持的观点，是根据月球演化物理力学概念形成的。该理论认为，在地球形成时，小物体和重粒子聚集在地球周围，最后形成月球。

↓月球表面被撞出的大坑

探索月球奥秘：开发月球宝藏

月球的矿产资源极为丰富，地球上最常见的17种元素，在月球上比比皆是。月球岩石中含有地球上全部元素和60种左右的矿物，其中6种矿物是地球没有的。

月球丰富的矿产资源

月球有丰富的矿藏，据调查，月球上稀有金属的储藏量比地球还多。月球上的岩石主要有三种类型，第一种是富含铁、钛的月海玄武岩；第二种是斜长岩，富含钾、稀土和磷等，主要分布在月球高地；第三种主要是由0.1—1毫米的岩屑颗粒组成的角砾岩。月球岩石中含有地球上全部元素和60种左右的矿物，其中6种矿物是地球上没有的。

科学家指出，要开发月球必须对月球进行全面的探测，了解月球的资源，并逐步对资源进行开发。月球的矿产资源极为丰富，地球上最常见的17种元素，在月球上比比皆是。以铁为例，仅月面表层5厘米厚的沙土就含有上亿吨铁，而整个月球表面平均有10米厚的沙土。

月球表层的铁含量不仅异常丰富，而且便于开采和冶炼。据悉，月球上的铁主要是氧化铁，只要把氧和铁分开就行；此外，科学家已研究出利用月球土壤和岩石制造水泥和玻璃的办法。在月球表层，铝的含量也十分丰富。

丰富而又宝贵的核电站的能源

月球表面覆盖着一层5—20米厚的月壤，太阳风粒子的长期注入使月壤富含稀有气体成分。据计算，月壤中氦－3的资源总量可达100万—500万吨，从月球土壤中每提取一吨氦－3，可得到6300吨氢、70吨氮和1600吨碳。

用氦－3和氘做燃料来进行核聚变发电要比目前正加速发展的利用氘和氚反应的热核聚变装置有更多的优势。利用氘和氦－3进行的核聚变可作为核电站的能源，这种聚变不产生中子，安全性高并且无污染，是容易控制的核聚变，不仅可用于地面核电站，而且特别适合宇宙航行。

建设一个500MW的氘－氦－3核聚变发电站，每年消耗的氦－3仅50千克。美国年发电总量需25吨氦－3，而中国只需8吨，全世界年总发电量大约消耗100吨氦－3。也就是说，月壤中的氦－3可满足地球能源需求达万年以上。

因此，开发月壤中蕴藏丰富的氦－3，对于未来能源比较紧缺的地球来说无疑是雪中送炭，对人类未来能源的可持续发展具有重要而深远的意义。

随着可控核聚变发电的商业化、航天科技的发展和进步，航天运输成本将日益降低。利用氦－3发电将成为历史的必然。由于月球的氦－3蕴藏量巨大，许多航天大国已将获取氦－3作为开发月球的重要目标之一。

月海：钛铁矿资源的宝地

月球表面分布着22个主要的月海，除东海、莫斯科海和智海位于月球的背面（背向地球的一面）外，其他19个月海都分布在月球的正面（面向地球的一面）。

在这些月海中存在着大量的月海玄武岩，22个海中所填充的玄武岩体积约1010立方千米，而月海玄武岩中蕴藏着丰富的钛、铁等资源。

这些丰富的钛铁矿是未来月球可供开发利用的最重要的矿产资源之一。

↓资源丰富的月球表面

阿波罗计划：伟大的登月工程

　　美国的阿波罗计划是人类第一次登上月球的伟大工程，始于1961年5月，结束于1972年12月，历时11年7个月。阿波罗计划的目的是把人送上月球，实现人对月球的实地考察，并为载人行星探险作技术准备。

人类第一次登月

　　1969年7月16日上午，巨大的"土星5号"火箭载着"阿波罗11号"飞船从美国卡纳维拉尔角发射场点火升空，开始了人类首次登月的太空飞行。登月第一人——尼尔·阿姆斯特朗说："对个人来说，这是一小步；但对整个人类来说，却是一个巨大的飞跃！"

阿波罗实现登月梦想

　　1969年7月16日，黎明之前，

3位美国宇航员——尼尔·阿姆斯特朗、巴茨·奥德林和米歇尔·科林斯还在安静地睡着，然而其他人都在通宵达旦紧张地工作。

　　在肯尼迪发射台的周围，已经有100多万人搭起了宿营的帐篷，这些来自世界各地的人在等待着观看一项伟大创举：人类将从这里出发，实现登月的梦想。

　　当太阳升起的时候，宇航员们便被送往发射台。在德克萨斯州休斯敦大控制室内，几百个工作人员正在监视各种仪器，他们不允许任何微小的差错发生。一切准备就绪，人类在月球上即将留下第一个脚印，"阿波罗11号"等待起飞。伴随着火光传来震耳的吼声，所有发动机都开动了，观看的人屏住呼吸，瞪大眼睛，注视着火箭徐徐升起。

地球人首次着陆的地方

　　4分钟后，火箭第一部分脱

落，不久第二部分脱落，一个更小更轻的"阿波罗"以每小时27300千米的速度绕地球运行。3小时后，确信一切正常，"阿波罗11号"离开地球轨道飞往月球。宇宙飞船窗外晴空万里，宇航员们从高处留恋地注视着地球上的一切。

地球越来越远，渐渐变成远方闪闪发亮的星球，而月球却越来越近，伟大的时刻就要到了。

"阿波罗"进入月球轨道，宇航员们仔细观察着月面上的一切，并随时向地球控制室报告。不久之后，他们终于接到允许着陆的指令。工作舱中的米歇尔轻轻按动操纵柄，登月舱与工作舱分开了。阿姆斯特朗和奥德林操纵登月舱轻轻落到月球表面。米歇尔留在工作舱中继续绕月飞行，并等待着接回他的朋友。

人类登上了月球。为了纪念和留下证明，第一批登月者在月球上安放了一个金属牌，上面写着："这是地球上来的人们在月球上首次着陆的地方。"

与此同时，他们还用电视摄像机拍摄了月球上的情况，包括他们在月球上留下的脚印，然后就搜集月亮岩石和矿物的标本。他们还与美国新任总统尼克松通了话。

迎接更加惊心动魄的空间探测

在完成了指定的各种任务之后，宇航员们带着22千克月岩样品和照片等珍贵资料胜利返回地球，受到人们隆重热烈的欢迎。这一切都已成为珍贵的史料而被载入史册。

继"阿波罗11号"登月之后，"阿波罗12号"到"阿波罗17号"又进行了多次登月飞行，前后约有三年半时间，共带回了300多千克月岩样品和土壤标本，还进行了大量科学考察和实验。

月球对人类来说已不再陌生，但是人类的空间探索绝不会仅仅限于月球。让我们去迎接更加惊心动魄的空间探测奇迹的出现吧。

↓大型火箭雏形

世界上最早的月球车："月球车1号"

苏联第一颗人造地球卫星上天不到两年，人类就开始了探测月球的活动。后来阿波罗计划大获成功，更是增加了人类探索月球的信心。为了方便对月球进行更加全面的探索，新的月球探测工具——月球车，也就随之孕育而生了。

"月球车1号"的设计结构

1970年11月17日，航天史上的第一辆月球车搭载苏联"月球17号"探测器登陆月球。这是一款无人驾驶型月球车，长2.2米，宽1.6米，重756千克，由轮式底盘和仪器舱组成，用太阳能电池板和蓄电池联合供电，这就是"月球车1号"。它有八个轮子，直径是51厘米，通过电动机驱动和使用电磁继电器制动。仪器舱内除了安置遥测

系统和电视摄像系统以外，还装有一枚同位素热源，这样可以使之保持温度。"月球车1号"总共行驶了10540米，考察了8万平方米范围的月面，拍摄照片超过2万张，在行车线的500个点上对月壤进行了物理力学特性分析，并对25个点的月壤进行了化学分析。此外，它还收集了大量月面辐射数据。

它的寿命达到了十个月，直到它所携带的核能耗尽为止，这比原计划的90天长了许多。

月球车在美国登月活动中的应用

"月球车1号"的成功让美国人深受鼓舞，于是在他们的月球探测中也出现了月球车。1971年7月26日，"阿波罗15号"飞船把美国第一辆月球车送上了月球，与"月球车1号"不同的是，这是一款有人驾驶型月球车，名字叫作"巡行者1号"。这辆月球车长3米，宽

1.8米，重209千克。它是一个双座四轮的自动行走装置，以电池为动力，最高时速可达16千米，宇航员坐在里面驾驶着它在月球表面巡游。在27.9千米的旅程中，他们以车代步，爬越障碍，翻越沟壑，对山脉、峡谷和火山口进行考察，并把激动人心的彩色图像传回地面。随后，美国又有多辆月球车登陆月球。

扩展阅读

月球车分为无人驾驶和有人驾驶两种。无人驾驶的月球车由轮式和仪器舱组成，用太阳能电池联合供电。苏联研制的"月球车1号"就是无人驾驶月球车，此后苏联又将"月球车2号"送入月球，并向地球发回了288幅月面全景图。

有人驾驶月球车是由宇航员驾驶在月面行车的月球车。这类月球车的每个轮子都由一台发动机驱动，靠蓄电池来提供动力，特制的轮胎在－100摄氏度的低温下也可保持弹性。宇航员可以操纵手柄驾驶月球车向前向后，或进行转弯和爬坡等操作。美国"阿波罗15号"登月时，两名宇航员驾驶月球车行驶了27.9千米。"阿波罗16号"和"阿波罗17号"携带的月球车分别行驶了27千米和35千米，其间向地球发送了大量月面活动的场景。

↓"阿波罗16号"登月时的月球车

美国的探测器 "徘徊者号"

美国的"徘徊者号"探测器外形像个大蜻蜓，身长3米，太阳能电池板展开总长4.57米，质量366千克。测量仪器安装在探测器的前面部分，电视摄像机装在独立的尾部。

"徘徊者号"探测器发射历程

从1961年8月到1965年3月，美国共发射9个"徘徊者号"探测器。前两次发射失败，探测器没有能够脱离地球轨道。第三个因火箭瞄准出现偏差，探测器在距月球3.7万千米处飞过。第四个因控制系统故障，探测器撞到月球背面去了。第五个因在到达月球前动力系统发生故障而失败。第六个到达月球静海，因电视摄像机失灵，没有获得探测成果。最后三个探测器均获得成功。

第一个到达月球的"徘徊者7号"命中预定着陆点——云海，在与月面相撞的前17分钟里，它开动6台电视摄像机，拍摄了4316张月面照片。照片十分清晰，可以分辨出直径1米左右的坑穴和30厘米大小的岩石。后来的"徘徊者8号"和"徘徊者9号"也都成功命中月球，分别降落在静海和云海，共发回13000多张月球近景照片。至此，美国结束了月球硬着陆探测飞行。

1964年7月31日，美国"徘徊者7号"探测器向地球发回首批月球近景照片，这是自伽利略发明望远镜以来，人类在月球天文观测方面取得的最大成就。

探测任务

探测的任务是在月面硬着陆前逼近月球拍摄照片，测量月球附近的辐射和星际等离子体等。"徘徊者号"探测器采取地－月轨道，中途校正一次轨道，轨道机动姿态指向精度为3°。探测器第一次采用模块结构技术。探测器带有电视摄像机、发送和传输装置、γ射线分光计等设备。徘徊者1—6号的试验都因故障而失败。徘徊者7—9号都装有电视发射系统，各有6台摄像机，其中2台摄像机装有广角镜头。"徘徊者号"系列中第一次取得成功的是7号，它向地球传送了4300多幅电视图像，其中最后的那些图像是在离月面只有300米处拍摄的，显示出月球上一些直径小至1米的月坑和几块不到25厘米宽的岩石。"徘徊者8号"和"徘徊者9号"传送了约1.2万张清晰的月球照片，为"阿波罗号"飞船登月选点作了先行的探测工作。

知识链接

"徘徊者8号"探测器是美国行星探测的第8颗无人探测器，探测器质量为366千克，于1965年2月17日在佛罗里达州空军基地发射升空，2月20日在月球硬着陆。"徘徊者8号"是以抛射的轨道抵达月球，并在撞击前的最后几分钟飞行时间内传送回高清晰的月球表面影像。

↓"徘徊者号"探测器利用电视摄像机拍摄照片

美国"勘测者号"探测器

"勘测者号"是美国为"阿波罗号"飞船登月作准备而发射的不载人月球探测器系列。它的主要任务是进行月面软着陆试验,探测月球并为"阿波罗号"飞船载人登月选择着陆点。自1966年5月至1968年1月共发射7个,其中2个失败,5个成功。

"勘测者号"探测器的结构组成

1966年5月30日发射的"勘测者1号",总跨度4.3米,总高3.7米,重290千克,于6月2日在月球风暴洋西南部软着陆,发回了11150幅电视图像。最后发射的"勘测者7号"于1968年1月10日到达月面第谷环形山北麓,发回月面山区图像21000幅,还进行了激光测量、土壤分析等勘测工作。

"勘测者号"探测器总质量为1吨,载有雷达、计算机、自动驾驶仪、姿态控制发动机、摄像机等。借助雷达和制动火箭发动机,"勘测者号"探测器可以安全而准确地在预定地点软着陆。它用机械手挖掘月面物质进行了物理和化学分析,并测试了月壤的结构、化学成分、密度等。"勘测者号"向地面发回了5万多幅黑白和彩色照片,展示了月面不同地区的风貌。照片清晰度好,分辨率高,可以看清距相机1.5米远的物体上的细微情况。

装在玻璃容器内的"勘测者3号"探测器的铲子

2008年6月26日,据美国宇航局网站报道,1969年11月,"阿波罗12号"登月宇航员从月球带回了一把铲子,这是从先前着陆在月球的"勘测者3号"探测器上取下的。在返回地球近40年后,这把铲子或许将帮助美国科学家解决"重返月球"计划中涉及的在月球挖掘

取土的难题。

　　"勘测者3号"这颗小着陆器在2年半的时间里经历了月球上各种恶劣环境：真空、强烈的宇宙射线、陨石轰击、极端温差。

　　返回地球后，美国宇航局的工程师希望弄清楚制造飞船所用的金属、玻璃和其他材料该如何忍受这种恶劣环境的"折磨"。

　　"勘测者3号"和一艘姐妹飞船"勘测者7号"确实对月球土壤进行了挖掘，测量了在挖掘、挤压和刮掉表层土时，它们的驱动发动机需要付出巨大努力。月球风化层是干燥的、类似玻璃的物质，经过无数年的陨石轰击，被撞击成尘埃碎片。在陆地上使用的铁锹(或铲子)对它很难起作用。格伦研究中心"现地资源利用(ISRU)"风化层特征科研组领导者艾伦·威尔金森说："要设计月球挖掘工具，我们必须预知在月球风化层中移动铲子或其他工具需要用多大气力。"而在"勘测者3号"探测器上取下的小铲子对科学家的这一研究有很大的帮助。

↓人造卫星

"月亮女神"月球探测器

"月亮女神"探测器包括一个主轨道器和两颗小卫星（一颗是中继子卫星，一颗是"甚长基线干涉测量无线电"子卫星），主轨道器将在距离月球100千米的环形轨道上飞行。

探月轨道飞行器主舱与子系统

探月轨道飞行器主舱是一个2.1米×2.1米×4.8米的盒形舱，盒形舱被分成了一个顶部长为2.8米的上层舱和1.2米的下层舱，上层舱称为任务舱，主要装载大部分科学设备，而下层舱为推进舱。探月飞船的一边安装有一个太阳帆板，另一边与太阳能电池板成90度的地方安装有一个1.3米的高增益天线。探月飞船的顶端伸出一个12米的磁强计转臂，任务舱的顶部和底部安装了四个15米无线电声波探测器天线。探

月飞船总发射质量为2885千克，这其中包括了795千克的推进剂和两个卫星。

"月亮女神"探测器的三大使命

"月亮女神"探测器是日本于2007年9月发射的月球探测器，是在日本鹿儿岛县种子岛宇宙中心发射升空的。"月亮女神"探测器的主要使命有3个。

其一，掌握月球的详细资料。地球表面始终有火山活动，地球内部则存在地幔熔岩对流运动，因此地球经常会发生变化，这使得人们无法了解地球最初的形态。如果通过"月亮女神"探测器的观测掌握了月球的详细资料，就可以解开月球何时及如何形成之谜。希望通过对月球起源的研究，可以找到与地球的形成和早期太阳系有关的线索。

其二，研究太阳对月球的影

响。地球有大气环绕，而月球没有。因此太阳光直接照射在月球表面。"月亮女神"探测器将围绕月球旋转1年的时间，研究太阳对月球造成的影响。这对人类登月活动有着非常重要的意义。

其三，从月球观测地球。除了观测月球之外，"月亮女神"探测器还装备了观测其他事物的设备。太空环境适宜于观测太空中的电磁波，因为太空中没有来自电视和手机的人造电磁波。此外，"月亮女神"探测器还能从月球观测地球北极和南极的极光，从而研究太阳对地球的影响。

无线电中继子卫星

无线电中继子卫星类似于甚长基线干涉测量无线电卫星，是一个0.99米×0.99米×0.65米八角形的圆柱形卫星，质量为53千克。无线电中继子卫星顶端安装有一个偶极天线，四个小S波段小天线安装在飞船上，有两个在飞船顶端，另外两个在底端。飞船稳定旋转率为10转/分，不带推进装置。电源由一个安装在卫星侧面的太阳能电池板提供，可为镍氢电池充电。无线电

中继子卫星装有电源和异频雷达收发机，可为地面站和飞行器转发4路多普勒距离修正信号。飞船轨道飞行寿命约一年以上。

知识链接

日本对月球探索的兴趣由来已久。20世纪90年代，日本的第一个月球探测器"缪斯A"科学卫星进入太空，这使日本成为继美苏之后，世界上第3个探测月球的国家。然而，在之后的几年内，"缪斯A"坠毁月球、"月球－A"计划几经周折最后胎死腹中，日本的探月之路陷入困境。

1999年，在美国阿波罗计划启发下，日本宇航开发机构推出了自阿波罗计划以后规模最大、同时也是最复杂的"月亮女神"探月计划，这为日本的月球基地等远景计划奠定基础。

日本宇航开发机构的这艘耗资2.69亿美元、重达3吨的"月亮女神"探测器于2007年9月4日由日本自主建造的H2A火箭携带升空。这是日本为未来登陆月球迈出的第一步，也是继美国阿波罗计划之后最大的月球探测项目。

"火星探路者号"探测器

　　"火星探路者"是美国国家航空航天局1996年的火星探测计划。"火星探路者"于1997年7月4日在火星表面着陆。它携带的"索杰纳号"火星车,是人类送往火星的第一部火星车。

"火星探路者"着陆器

　　着陆器是一个锥形四面体,触地时四个表面的气囊能吸收相当于3米/秒垂直速度和50米/秒水平速度下落时的冲击能量,使落地时的冲击力小于50克着陆。不管着陆的姿态怎样,着陆器侧面的3个"花瓣"自动展开,露出着陆器内的各种装置和安装在一侧"花瓣"内的微型漫游越野车(因为是自动行走,用于搜集原始微生物的化石,所以也被人泛称为机器人)。这种设计能确保

着陆器摆正位置。

　　"花瓣"展开后的外露表面上还贴有砷化镓太阳能电池片。关于被称作"旅居者"的微型漫游越野车有不同说法,有报道说它是一种长0.66米,宽0.48米,高0.30米,重11.5千米的6轮车;也有报道说它是长、宽、高各为0.60米、0.46米、0.18米,重7.5千克的6轮车。漫游越野车的主要任务是勘探。它将在到达火星表面后的7天内在着陆器的四周完成工程和科学的基本任务。然后将去离着陆器更远的位置执行范围更广的任务(在离着陆器200米的半径内活动)。

　　在越野车从着陆器开出后,着陆器便是一个自动操作的仪器工作站。它探测各个地区不同成分的岩石和土壤。该使命原计划30天,后延长为1年,以搜集因季节变化而不同的火星资料。其上装有火星探路者成像仪、α质子X射线频谱仪、大气结构和气象实验装置等,通过17瓦固态放大器和X波段的低

增益天线及双轴高增益天线通信联络，数据传输速率为700比特/秒。通信设备用100瓦太阳电池和银锌蓄电池供电。特别要指出的是，着陆器上装有一个立体望远镜系统，它装在一根可升降的杆上（能升到着陆器之上0.85米外），带有方位和高低驱动机构，能看到整个着陆器和附近的火星表面。面包箱大小的越野车上也装有α质子X射线频谱仪和前视、后视照相机等，用鞭状天线与自动操作的仪器工作站无线电通信，用车顶上的太阳能电池和蓄电池可供电17—30天。它与仪器工作站最大通信距离为500米，而这一距离越野车要走几周才能到达。

"火星探路者"着陆

"火星探路者"于1997年7月4日在火星表面着陆。它携带的"索杰纳号"火星车是人类送往火星的第一部火星车。1997年7月4日，携带"火星探路者"的飞船进入火星大气层，由降落伞带着以每小时88.5千米的速度飘向火星表面，并在着陆前数秒钟打开9个巨大的保护气囊。17时07分，"火星探路者"在火星降落，在密封气囊的保护下，经过一番弹跳翻滚之后，在火星表面停了下来。

着陆成功后，飞船打开外侧的3个电池板，重10千克的6轮火星车缓缓驶离飞船，落到火星地表。其行进路线是预先确定好的，首先朝目标区西南部的一个长100千米、宽19.3千米椭圆形区域缓慢前进。在探测区，经过对由古代洪水冲刷形成的一个488平方米的小岛的详尽观察，科学家发现火星山谷平原暴发过多次洪水，并有众多由水冲击而来的圆形岩石，其中许多岩石沿同方向排列，表明它们受到同样水流的冲击。科学家推测当时洪水有数百千米宽，水流量为每秒100万立方米。

↓火星

火星探测器"奥德赛号"

"奥德赛号"的一个重要使命是在火星上找水,它所携带的俄罗斯制造的高能中子探测器,可以详细探测火星的近地表层,以确定火星地表下两米以内的含水区域,并绘制出这些区域的地图。此次探测计划共计耗资2.97亿美元。

"奥德赛号"的任务

"奥德赛号"火星探测器是继"火星气候卫星"和"火星极地着陆者"之后的第三个宇宙探测器。它的主要任务是观测火星南北极冰冠、云、沙尘暴等现象,以了解火星表面不同时间的变化,以及对火星表面矿物质进行测绘。

"勇气号"和"机遇号"这两台火星探测车拍摄的照片和其他资料有85%是以火星"奥德赛号"作为通讯中继卫星送回地球的,且火星"奥德赛号"每天可以各联络这两台探测车一次。卫星也协助探测车和已于2008年5月登陆的"凤凰号"火星探测器分析可能登陆地点的安全性。"奥德赛号"协助2006年3月到达的火星侦察轨道器在进行气阻减速时观测火星大气层的状况。

创下最长工作时间新纪录

2010年10月15日,美国NASA"奥德赛号"火星探测器创下最长工作时间新纪录,超越了1997年到2006年期间工作的"火星全球勘测者"。

"奥德赛号"拥有热辐射成像系统、中子光谱仪和高能中子探测器,其科学仪器已经探测到在火星表面以下存在大量的水冰,并对火星环境进行辐射安全方面的检查,绘制出火星地质矿物及元素的分布图。"奥德赛号"的摄像装置提供了最高分辨率的整个火星图。

　　"奥德赛号"的观测数据为选择和分析找到四个火星表面着陆点提供了依据。"奥德赛号"向地球转发了几乎所有的"勇气号"和"机遇号"火星漫游车的数据信号。它还为"凤凰号"探测器提供数据转发服务，并最大限度地支持"好奇号"探测器进行的火星实验室任务。

↓太阳系由内向外第四颗行星是火星

图说经典百科

第二章

进入星际空间——生存空间的终极探索

星际空间的广泛定义为宇宙中恒星之间的空间。星际空间十分广袤，人类至今也只是知道其中的一小部分，不过九牛一毛。

人造卫星：居高临下

人造卫星就是环绕地球在空间轨道上至少运行一圈以上的无人航天器。人造卫星发射数量约占航天器发射总数的90%以上，是发射数量最多、用途最广、发展最快的航天器。

太空有你不再寂寞

1957年10月4日，苏联发射了世界上第一颗人造地球卫星，由此拉开了航天时代的序幕。我国也在1970年4月24日发射了第一颗人造地球卫星"东方红一号"。如今，太空中已有许许多多的人造卫星，各自执行着不同的任务，忠实地为人类服务。

人类依靠航天技术了解到许多新知识，也实现了许多原来想做而做不到的事情。例如，在研究地球周围环境方面，利用人造卫星探测发现了地球的"辐射带"和"磁层"。

人造地球卫星还广泛应用于人类生活的各个领域。它飞得高，居高临下，视野开阔；飞得快，一个半小时就绕地球一圈；运行时间长，能连续工作几周、几个月、甚至几年；不受国界、领空限制，进出自由，畅通无阻。因此，人造卫星在通信、气象、地球资源勘察等方面为人类作出了巨大贡献。

东方红：我国第一颗人造卫星上天

1970年4月24日，由我国自行设计、制造的第一颗人造地球卫星"东方红一号"，由"长征一号"运载火箭一次发射成功。

卫星运行轨道距地球最近点439千米，最远点2384千米，轨道平面和地球赤道平面的夹角68.5度，绕地球一周114分钟。卫星重173千克，用20009兆周的频率，播送《东方红》乐曲，实现了毛泽东主席提出的"我们也要搞人造卫星"的号召。它是中国的科学之星，是中国工人阶级、解放军、知识分子共同为祖国作出的杰出贡献。

"东方红一号"经历了初样、试样和正样研制阶段，科技人员们艰苦奋斗，群策群力，攻克了一个又一个难关。

1970年4月1日，2颗"东方红一号"卫星、一枚"长征一号"运载火箭运抵我国西北的酒泉发射场。1970年4月24日10点，运载火箭1、2、3级工作正常，卫星与火箭分离正常，卫星准确入轨。周恩来总理得到这个消息后高兴地说："准备庆贺！"并于第二天在当时正在我国召开的三国四方会议上宣布："为了庆祝这次会议成功，我给你们带来了一个礼物，就在昨天，中国成功地发射了第一颗人造卫星……"

自从我国第一颗人造卫星进入太空以来，我国的空间技术进入了一个新时代。特别是党的十一届三中全会以后，在党中央、国务院、中央军委的领导下，卫星事业蓬勃发展。遥感卫星多次发射、回收成功；静止通信卫星发射、定点成功；极轨气象卫星发射成功。

这一系列的胜利成果，标志着我国卫星技术在许多重要领域达到了世界水平，表明我们已经走出了一条适合我国国情的、有中国特色的发展卫星事业的道路。

↓太空有你不寂寞

人造卫星的五脏六腑

　　成功发射一颗人造卫星，实际上就相当于人类在太空设立了一个实验室或通讯、情报站。地面上的人类通过遥控这颗人造卫星来完成宇宙观测、广播通讯等工作。人造地球卫星神通广大，它有什么特殊构造吗？

人造地球卫星神通广大的秘诀

　　人造地球卫星的构造，要分两方面来说，一是完成任务的仪器设备，二是保证完成任务的基本仪器设备和结构。

　　用来完成不同使命的，是卫星携带的各种不同的仪器设备，如通信类卫星携带着无线电接收、调频和发射装置，遥感类卫星携带着可见光照相机、红外线照相机和雷达等遥感器，照明卫星携带着阳光反射镜，发电卫星携带着阳光收集器

和电能转换器，科学实验和天文探测卫星携带着各种科学实验仪器和光学望远镜、射电望远镜等等。

　　如果说卫星有什么特殊构造的话，这些就是它的特殊构造。仅有这些特有的仪器设备是不可能完成特殊使命的。各类卫星都有共同的基本结构和仪器设备，以保证圆满完成使命。

精准的控制系统是人造卫星的灵魂

　　卫星在轨道上运行时，太阳光的热辐射、地球反射太阳光的热、仪器设备工作时产生的热可能使卫星的温度达到100℃以上，而当卫星进入地球阴影区时，温度又会低至－100℃左右。因此需要温度控制设备，把温度控制在适当的范围内，以保证各种仪器设备的正常工作，这就是卫星的温度控制系统。

　　卫星在轨道上运行，必须保证一定的姿态。如地球资源卫星的

遥感器，必须始终对着地面；对地静止通信卫星的天线，必须始终对准地球的一个区域；探测太阳的望远镜，必须始终对准太阳等等。但是，在空气阻力、地球重力变化和卫星内部的运动机构产生的力的作用下，姿态会发生变化。因此需要控制姿态的设备，以便使卫星保持一定的姿态，这就是卫星的姿态控制系统。

卫星上的各种仪器设备，需要电源才能工作，而且，根据仪器的种类不同，需要的电流类型也不一样。有的需要直流电，有的需要交流电，有的需要脉冲电流。因此，除了各种产生电流的电池外，还需要有各种电源交换器，这些就是卫星的电源系统。

卫星需要保持与地面上的联系，因此，还需要有遥测、遥控和跟踪系统。

对返回式卫星来说，还需要有制动、分离、防热和安全着陆设备，这就是回收系统。

为了使卫星有一定的容积，装载以上各个系统和完成任务的各种仪器设备，并把它们有机地连成一个整体，具有一定的外形，保证一定的强度和刚度，保护各种仪器设备和系统不受太空环境的损坏，卫星还需要有结构系统，这主要包括隔柜、桁条、横梁和蒙皮等。

扩展阅读

反卫星卫星也叫拦截卫星，是能对敌方有威胁的卫星实施摧毁使其失效的人造卫星。它的拦截方式可以有多种，主要有：使拦截卫星在空间与目标卫星相遇，然后自爆以摧毁目标；从拦截卫星上发射反卫星武器，如激光、粒子和微波等定向高能束射武器；拦截卫星用自身携带的小型火箭助推器加速，与目标卫星相碰撞；设法使目标卫星失去工作能力，如利用核辐射击毁目标卫星的电路与结构，向目标卫星相机镜头上喷射物质等。

↓人造卫星的五脏六腑

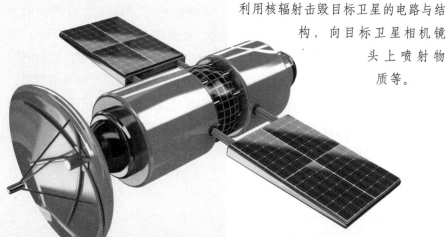

人造卫星知识大观园

千百年来，茫茫宇宙一直以独特的魅力吸引着人类的注意力。在古代，由于当时科技水平有限，飞天梦想也仅仅存在于一个个美丽的神话传说中。现在，人类的飞天梦想已经成为现实。人造卫星的发射与回收相当于人们前往太空的单程票与返程票。下面我们就详细了解这些卫星如何去又如何回的。

路在何方——人造卫星的轨道

目前大多数国家都有属于自己的人造卫星，这些人造卫星都是围绕地球在运行的。

那么，面对这么多的卫星，如何来为它们选择合适的轨道呢？卫星轨道的具体选择，要根据卫星的任务和应用要求来确定。例如对地面摄影的地球资源卫星、照相侦察卫星等，通常采用近圆形的低轨道运行方式；通信卫星则常常采用对地静止的地球同步轨道；若为了节省发射卫星时所消耗的运载火箭的能量，常采用顺行轨道；为了使卫星对地球能进行全面观察，则需要采用极地轨道；而为了让卫星能始终在同一时刻飞过地球的某地上空，或使卫星永远处于或不处于地球的阴影区，又往往需要采用太阳同步轨道；军用卫星为了满足军事的特殊需要，则常常采用地球同步轨道和太阳同步轨道等。

地球同步轨道是运行周期与地球自转周期相同的顺行轨道。但其中有一种十分特殊的轨道，叫地球静止轨道。这种轨道的倾角为0，在地球赤道上空35786千米。从地面上看，在这条轨道上运行的卫星是静止不动的。一般通信卫星、广播卫星、气象卫星选用这种轨道比较有利。地球同步轨道有无数条，而地球静止轨道却只有一条。

太阳同步轨道是轨道平面绕

↑人造卫星知识大观园

地球自转轴旋转的，方向与地球公转方向相同，旋转角速度等于地球公转的平均角速度(360度／年)的轨道，它距地球的高度不超过6000千米。在这条轨道上运行的卫星以相同的方向经过同一纬度的当地时间是相同的。气象卫星、地球资源卫星一般采用这种轨道。

极地轨道是倾角为90度的轨道，在这条轨道上运行的卫星每圈都要经过地球两极上空，可以俯视整个地球表面。例如气象卫星、地球资源卫星、侦察卫星常采用此轨道。

人造卫星的返回

当人造卫星发送到太空后，它会按照人类的指示完成指定的任务。那么，当这些人造卫星完成任务后，它们是如何再返回地面的呢？

一般情况下，卫星发射成功之后就在太空执行任务，并不需要再返回地面。如通信、导航、气象卫星等都是如此。但是有些卫星却需要返回到地面，例如获取情报的侦察卫星，携带实验品的科学实验卫星等都属于返回式卫星。研制返回式卫星是卫星发展史上的一个重要突破。

返回式卫星主要有三种用途：一是作为观测地球的空间平台，返回式卫星所获取的各种对地观测信息资料，可以带回地面供科学家进行分析和研究；二是作为微重力试验平台，利用微重力条件，在空间进行各种科学实验，生产和制造地面条件下难以获得的材料和物品；三是作为发展载人航天技术的先导，因为宇航员必须采取与返回式卫星相似的方法返回地面，只有掌握了卫星返回技术，才能为载人航天打下基础。因此，返回式卫星在世界各类航天器中占有重要的地位。目前，全世界只有美国、俄罗斯和中国掌握了卫星回收技术。

卫星绕地球运转所必备的条件

什么是卫星？什么是人造地球卫星？所谓卫星就是绕行星运转的天体，月球就是地球的卫星，这种卫星称为自然卫星。而人造卫星是指在一定轨道上绕地球运转并完成一定使命的人造天体。卫星绕地球运转必须具备一定的条件，下面我们来介绍一下。

速度条件

在中学物理中我们已经学习了万有引力定律和三大运动定律。这些定律告诉我们，当一个物体围绕地球做匀速圆周运动时，需要受到指向圆心的合力即向心力作用。那么，卫星绕地球运转的必备条件，首先就是速度条件。接下来就详细介绍一下三种宇宙速度。

所谓第一宇宙速度是指航天器绕地球作圆轨道运行而不掉回地面

所必须具有的速度。

所谓第二宇宙速度，即卫星能够脱离地球引力场而绕太阳运行所需要的速度。

当速度达到每秒11.2千米时，物体将挣脱地球的引力场，而变成绕太阳运转的人造卫星。这时的速度为第二宇宙速度（亦称脱离速度）。

↓卫星绕地球运转

所谓第三宇宙速度就是从地面发射一个物体，能脱离太阳系有引力场所需的最小速度。

如果物体运动的速度再增加到每秒16.7千米，这时太阳的引力也拉不住它了，它将成为银河系的一个人造天体。这时的速度称为第三宇宙速度。

高度条件

通常来说，人造卫星的飞行高度要保持在100—120千米之间。1960年第53届巴塞罗那国企航空联合大会决议规定："地球表面100千米以上空间为航天空间，为国际公共领域，100千米以下空间为航空空间领域。"卫星轨道为什么要选择120千米以上这样的高度运行？主要是考虑气象因素。大家知道地球有一个大气层，90%大气质量在30千米以下，30千米以上逐渐稀薄了。随着高度的增加，空气密度急剧下降，在距离地面100千米的高度上，空气密度为海平面的一百万分之一；在120千米高度上，空气密度为海平面的几千万分之一；在200千米高度上，空气密度只有海平面的五亿分之一。大家要问达不到120千米以上高度会怎样？达不到120千米以上高度卫星就有可能会掉下来。

卫星是怎样上天的

卫星是通过发射上天的。目前有三种发射卫星的方法，一是通过多级火箭发射，二是用航天飞机发射，三是用飞机发射。

通过多级火箭发射

所谓多级火箭就是由几个单级火箭组合而成的运载火箭，在目前的技术条件下，单级火箭最终速度只能达到4—7千米/秒。所以，世界各国都采用多级火箭发射卫星。从理论上讲，火箭的级数越多所能达到的速度就越快。但是级数越多，结构就越复杂，可靠性也就越低。所以在满足速度要求的条件下，尽量使级数减少。根据目前情况，发射低轨道人造地球卫星，一般用二级或三级火箭，而发射椭圆轨道卫星、地球同步卫星多用三级或四级火箭。

用航天飞机发射

航天飞机是可重复使用的往返于太空和地面之间的航天器。它能像火箭一样垂直起飞，像卫星一样在轨道上运行，又能像飞机一样滑翔着陆。航天飞机可以重复使用，因而，可以降低航天活动的费用，既简化卫星设计，又能向近地轨道发射、回收与修复已失效的各种卫星。例如，在1991年11月24日，美国"阿特兰蒂斯号"航天飞机升空后仅6小时，就将一颗2335千克的导弹预警卫星送入太空；美国原本有五架航天飞机，1986年"挑战者号"航天飞机飞升后不久就爆炸了。2003年2月1日"哥伦比亚号"完成此次16天飞行任务后返回途中，在距地球约60千米处爆炸失事。现在剩下三架能执行任务的航天飞机：即"发现号"航天飞机，"阿特兰蒂斯号"航天飞机，"奋进号"航天飞机。另外，美国还有一架"企业号"试验机，不执行飞行任务。

用飞机发射

◆◇- - - - - - - - - - - - - - - ➤

　　1990年4月，美国首次将一颗200千克重的卫星从B－52轰炸机上用三级"飞马"火箭高空发射成功。显然，这是很经济的方式。

　　苏联人邦达连科是为载人航天事业献身的第一人。截至2003年年底，人类共进行了400余次载人航天飞行，其中，美国280余次，苏联及俄罗斯130余次。在这400余次的载人航天活动中，共有18人为载人航天事业献出了宝贵的生命。

第二章　进入星际空间——生存空间的终极探索

↓卫星

跨出地球的摇篮

人类是不能指望靠飞机来跨出地球这只"摇篮"的。那么人类能否跨出摇篮呢？应当怎样才可跨出摇篮呢？

征服宇宙的先驱理论家

俄国的一位中学教师齐奥尔科夫斯基，他在9岁时因病失聪，所以几乎没有上过什么学校，完全靠自己努力学完了中学及大学的一些数理课程。而后，他在一个偏僻的乡村中学任数学教师，同时开始研究气球、飞机等的原理。

他在41岁时写了一篇很长的论文来阐述他的主张——依靠火箭的动力做宇宙航行。经过五年的周折，他的著名论文《利用喷气工具研究宇宙空间》才得以在1903年（正是莱特飞机上天的那一年）正式发表。

后来他连续发表了许多重要的论文，继续论证其可能性。他在极为艰苦的条件下设计过许多火箭，导出了火箭理论中著名的"齐奥尔科夫斯基公式"。

他一生写出的论文总计730多

篇（部），他曾建议，利用火箭来建立太空航行站，在上面设立天文台，并使它成为飞向其他星球的跳板。他还说："在最初阶段，首先应当建造一个人造的地球卫星。"

俄国人自豪地把他称作"宇宙航行之父"，为他专门造了纪念碑。在他逝世后，就以他的名言作为他的墓志铭："地球是人类的摇篮，但是人不能永远生活在摇篮里。他将小心翼翼地穿出大气层，然后便去征服太阳系。"

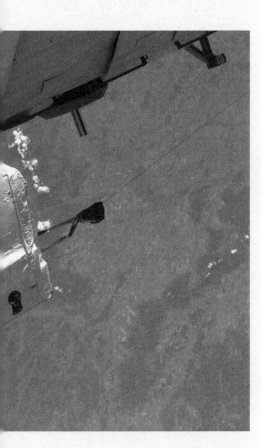

←宇航员在空间站工作

扩展阅读

"火箭实验创始者"——罗伯特·戈达德，是美国最早的火箭发动机发明家，被公认为现代火箭技术之父。

戈达德出生于美国马萨诸塞州，从1909年开始进行火箭动力学方面的理论研究，三年后点燃了一枚放在真空玻璃容器内的固体燃料火箭，证明火箭在真空中能够工作。

他从1920年开始研究液体火箭，1926年3月16日在马萨诸塞州沃德农场，戈达德发射了人类历史上第一枚液体火箭。火箭长约3.4米，发射时重量为4.6千克，空重为2.6千克。飞行延续了约2.5秒，最大高度为12.5米，飞行距离为56米。

这是一次了不起的成功，它的意义正如戈达德所说："昨日的梦的确是今天的希望，也将是明天的现实。"

人类上天的"梯子"

《圣经》中有个故事，说人类为了上天，正在努力地建造一座高耸入云的"通天塔"。上帝为了阻止人类上天，以保住天庭的纯洁，就设法让人类各国都用自己独特的语言。这样，通天塔的工程从此成为画饼……

"A4"火箭：现代大型火箭的雏形

进入20世纪后，在科学家的不断努力下，这座"通天塔"终于逐步建立起来了。

1936年，为了侵略和扩张，希特勒在德国建立了一个秘密的火箭实验室。

两年后，他们就制造出了可以准确命中18千米以外目标的"A4"火箭。1944年，纳粹把它改名为"V－2"，意思是"复仇武器"。

这是现代大型火箭的雏形。它全长14米，直径1.65米，要三个人才可合抱。底部尾翼展开1.95米，重13吨，其中弹头内炸药约1吨。射程可达320千米，命中精度±5千米，飞行速度接近每秒1610米。德国人一共生产了6000枚。

从1944年9月6日开始，他们向英国及荷兰等地先后发射了4700枚"V－2"，其中1230枚击中伦敦，导致2511人死亡，5869人重伤，更造成了严重的心理创伤。

当然，此时大局已定，"V－2"未能挽回法西斯覆灭的命运。然而对于科学而言，"V－2"工程为研制大型火箭培养和造就了一批专家，制造了许多设备，积累了研究和管理的宝贵经验，这些都成了美、苏的最大战利品——苏联战后，着重搜集设备、图纸和原材料，美国则邀请大批专家和技术工人回美国。

多级火箭——搭建上天的梯子

火箭升空出路在哪儿？齐奥尔科夫斯基为我们找到了解决的办法——利用多级火箭！简单地说，就是把燃料箱做成好几段，用完一段就丢一段，这可使燃料所占的比例大为减小，从而腾出空间来装载科学研究用的各种仪器设备。

例如有一支三级火箭，它的第三级装着一个1吨重的负载物——人造卫星或宇宙飞船，火箭本身也重1吨，燃料为它们的3倍——6吨，那么，这第三级总重为8吨。再把这8吨看作第二级火箭的负载，按1：8的比例，那么二、三两级总重为64吨。以此类推，再加上第一级，整个火箭重为$64×8＝512$吨。这里，燃料总重438吨，占总重的85.5%。这个比例虽然很大，但比一级火箭要低得多了。

现在各国大多采用这种三级火箭的方式：开始第一级点火，把飞船加速到一定速度，等它燃料烧完，这一级就自动脱离，同时第二级自动点火，使较轻的二级继续加速，最后它也完成自己的使命而脱离坠下，最后第三级火箭就可把较轻的人造卫星或宇宙飞船加快到所需的速度，并把它送入轨道。

扩展阅读

现代火箭真是一个庞然大物。以美国火箭"土星5号"为例，它可把100多吨重的人造卫星或空间站送入绕地球的轨道，或者把近50吨的飞船送上月球。震惊世界的"阿波罗"登月飞船，"旅行者"行星探测器，均是由它一一送上天的。

"土星5号"火箭本体长85.7米，如果连同顶上的"阿波罗"飞船，则高达110.6米，与南京的金陵饭店相当。它的底部最大直径为13米，20个人手挽手也无法合围。

它的主要部件不下200万个，整个火箭的总重量为2930吨，可与一列满载的列车相比拟。它的第一级高达42米，尾翼展开有18米，其重量约为2600吨，占总重的3/4。5台强大的发动机可以产生300多万千克的推动力，总功率达17560万马力，相当于50万辆大卡车的总和。

其消耗也大得惊人：所装的2200吨燃料，可供12500辆卡车开1小时，可只能供它烧2分半钟。

历史上第一颗孙卫星

月球是地球的卫星，而围绕月球的人造天体，有的人把它叫作孙卫星。继"月球9号"月面软着陆成功以后，苏联的"月球10号"成为历史上第一颗孙卫星。

人类第一个环绕月球的飞行器

"月球10号"是苏联的第一个月球探测计划"月球计划"的第21颗无人月球探测器，于1966年3月31日莫斯科时间10点46分发射，是人类发射的第一个环绕月球的飞行器，同时也是人类发射的第一个环绕其他天体的飞行器。

"月球10号"重1600千克、高4米，发动机、仪器舱、控制段实际上与月球9号相同。所不同的是，"月球10号"用月球卫星替代了着陆舱。

"月球10号"携带的月球卫星重254千克，呈圆柱形，直径约75厘米，高1.5米。内部保持850—860毫米汞柱的压力，温度控制在21—23度。动力由电池提供。"月球10号"携带月球卫星装备了多种探测设备，主要包括：磁力计，用于测量月球磁场；伽马射线频谱仪，用于测量月表伽马射线的强度和频谱组成；用于记录太阳粒子和宇宙射线以及研究低能电子的几种装置；离子收集器，用于记录太阳风的总的离子和电子通量；压电测量装置，用于记录月球空间质量为9—10克的流星粒子；红外探测器，用于确定月球的内部热辐射；低能X射线质子测量设备，用于测量月岩的X射线荧光辐射。

"月球10号"对未来月球计划的作用

1966年3月31日，苏联的"月球10号"探测器成功发射升空。

"月球10号"被送入250千米×200千米、倾角51.9度的低地球轨道，随后又进入奔月轨道。第二天"月球10号"在飞往月球的途中进行了轨道修正。"月球10号"的任务不是直接在月球上软着陆，而是把一个人造月球卫星送入环月飞行的月球轨道。

"月球10号"在飞行了数天并在距离月球8000千米时，调整方向并使制动火箭发动机点火，以降低飞行速度，使其从每秒2.1千米降低到每秒1.5千米。在关闭发动机20分钟后，"月球10号"释放携带的月球卫星，卫星以110米/秒转速旋转，并进入1017千米×350千米、倾角71.5度的月球轨道，在此轨道的运行周期为2小时59分15秒。

在飞行过程中，苏联还在地面通过"月球10号"的运动进行了两项试验。其一，通过测量"月球10号"进入月球背面和飞出月球背面时通讯功率水平的变化，测定月球表面附近是否存在薄层气体介质并折射无线电波。其二，通过测量"月球10号"轨道的自然变化测定月球重力场。由于月球表面的某些区域存在聚质体，这对于未来的月球计划极其重要。

扩展阅读

在"阿波罗"飞船登月之前，美国也曾向月球发射了一系列探测器。1966年8月，第一枚探测器，也就是被称为"月球轨道环行器"1号的人造卫星抵达月球。根据地球上的指令，探测器上的火箭将会点火，使探测器撞击在月面上。这是为了避免跟以后的轨道环行器的信息相混淆而采取的措施。

以后"月球轨道环行器"每隔3个月发射一次，一直发射到5号，拍摄了99%月面的照片。这些照片为制作精密的月理图和"阿波罗"登月选择着陆地点提供了充分的依据。

此外，在环绕月球飞行的过程中，由于月球引力的不均匀性，轨道发生偏离，由此而获得月球内部结构的新情况。发现这个问题的是加利福尼亚工科大学喷气推进研究所的缪拉。他在分析"月球轨道环形器5号"的轨道数据的时候，发现当探测器经过圆形的"海"的上空的时候，它的速度增加。可以认为，这是由于圆形的"海"的引力强，探测器在这种引力的作用下增加了速度。引力强，这就是说在这部分有比较重的东西。在美国把这种重的东西叫"重力瘤"。

世界上第一颗生物卫星

世界上第一颗生物卫星是苏联1957年11月3日发射的"人造地球卫星2号"。卫星上载有一条名叫"莱伊卡"的雌性猎狗，这只可爱的小狗是真正意义上由地球进入太空的第一只动物。

"名犬"飞入太空

科学家们使用生物火箭所进行的一系列生物学、医学等方面的研究活动，对人类安全地进入太空已经做了卓有成效的"火力侦察"。但是，人类在太空可能要遇到许许多多的麻烦事，还需要用更严谨、更实质、更有效的手段来探索、实验，以保证人类飞天万无一失。于是，生物卫星应运而生，它肩负起比生物火箭更为艰巨的使命。

生物卫星就是用于生物学研究的人造地球卫星，它相当于一个空间生物实验室，可研究失重、超重和其他各种空间飞行环境对生物生长、发育、代谢、遗传等方面的影响和防护措施，揭示在地面条件下发现不了的生物学问题，是研究空间生命科学的重要工具。

生物卫星一般由服务舱和返回舱两部分组成。服务舱内有保证卫星正常工作的各种设备。返回舱内装有实验生物和生命保障系统、记录仪器、返回火箭等。按照一定的指令，服务舱与返回舱即可分离，返回火箭点火，使返回舱回到地球，而服务舱不返回。

世界上第一颗生物卫星是苏联于1957年11月3日发射的"人造地球卫星2号"。卫星上载有一条名叫"莱伊卡"的雌性猎狗，这只可爱的小狗是真正意义上由地球进入太空的第一只动物。它在轨道上度过了极不平凡的6天6夜，承受了超重和失重的考验。缚在它身上的各种传感仪器测出的关于脉搏、呼吸和血压等指数，证实了科学家们的推测，即失重本身并没有引起动物生理机能的危险变化。经过各种传媒，"莱伊卡"一举成为享誉全球的"名犬"。

然而，令人惋惜的是，由于当时还没有回收卫星的技术，科学家们只好无奈地看着为人类立下大功的"莱伊卡"孤独地葬身在清冷的太空世界，却无法援助。但是，"莱伊卡"的太空之行是成功的，更加坚定了人们对载人航天定能实现的信心。

"孙悟空"不辱使命

在宇宙飞行初期，宇航员会产生一系列影响情绪和工作能力的不适感受，用动物进行实验有助于科学家更好地分析、认清这些现象的不同原因，以研究出科学有效的对策。

为进一步了解人在失重适应期所发生的变化，生物卫星还多次用猴子进行了实验。1987年，苏联用"宇宙－1987号"生物卫星，让猴子"德雷姆"和"雅罗什"在太空潇洒地完成了13昼夜的飞行。这两只小猴子是从50对猴子中筛选出来的，早在飞行前一年多就对它俩进行了精心严密的训练。

要教会它俩像宇航员一样待在专门的容器内；要让它俩学会使用摄取食物和饮料的专门工具；要按照专门的计划程序完成一些规定的动作等。例如：当它俩面前的仪表盘上出现不同信号时，要按下不同作用的键盘等等，使它俩能准确无误地完成地面上规定的计划。

这两只"孙悟空"没有辜负科学家的苦心培训，在飞行中显示出它们很好地掌握了操作技能，完成了使命。

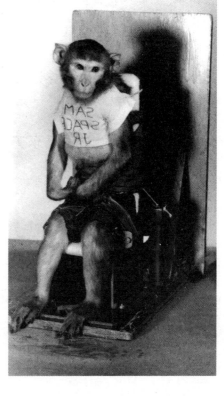

↓美国伦道夫空军基地航空医学院的研究人员训练猴子坐在椅子上

星光耀红东方：中国第一颗人造卫星诞生

　　距离中国第一颗卫星发射成功已经过了许多年，今天，中国有几十颗卫星在太空中遨游。"神舟号"试验飞船往返太空，中国已开始向载人航天迈步。回顾中国的航天史，不能不提到它的开端"东方红一号"，这一高精尖技术在基础差且动荡的时期一举成功，是很多人当年想也不敢想的事。

中国第一颗卫星"东方红一号"

　　1970年的中国，正处于"文化大革命"的狂飙中，街头游行屡见不鲜，然而4月25日的游行与以往不同——北京、上海、天津、沈阳、西安……全国各地，几乎万人空巷。因为此前的一天，中国自行研制的第一颗人造卫星"东方红一号"，在西北酒泉卫星发射中心呼

啸升空。

　　中国第一颗人造卫星工程的整个研制工作，大部分都是在"文化大革命"最动乱的时间里进行的。那时席卷全国的"红色风暴"冲击到承担卫星工程任务的每一个单位。1967年初，中国科学院和七机部及下属单位均被"群众组织"夺权，卫星设计院原来的领导都"靠边站"了，很多科学家当时被定为"反动学术权威""特务""牛鬼蛇神"，遭到批斗。即使普通的科技人员，也有不少亲属和社会关系在运动中受到冲击和株连。卫星的研制工作与"革命"发生了冲突。

　　在这种情况下，1967年初，周恩来总理与聂荣臻副总理采取了一系列措施，如组建中国空间技术研究院，钱学森任院长，编入军队序列，不开展"文化大革命"的"四大"（即大鸣、大放、大字报、大辩论）。空间技术研究院从许多单位抽调出精兵良将，把分散在各部门的研究力量集中起来，实行统一领导，使科研生产照常进行，保证了中国第一颗卫星的如期发射。

为了检验设计的正确性与合理性，"东方红一号"卫星从元件、材料，到单机分系统以至整星都要在地面进行多种环境模拟试验。发射场预定发射卫星的时间气候寒冷，而卫星厂又没有符合要求的试验场地，"热控试样星"的试验是1968年的夏季于海军后勤部的一个冷库中进行的。很多的困难都是靠科技人员发扬吃苦耐劳的精神去解决的。卫星上天后，许多国际友人来空间技术研究院参观卫星，当时的环境让参观者大为感叹："东方红一号"能诞生，简直是个奇迹！

难忘 "4.24"

1970年4月1日，装载着两颗"东方红一号"卫星、一枚"长征一号"运载火箭的专门列车到达中国西北酒泉卫星发射中心。

4月份的西北戈壁滩上，白天也要穿棉衣，到夜间，裹着皮大衣也感到寒冷。在离地面30多米高的龙门塔工作平台上，科技人员不分白天黑夜，排除一切故障，一次次地测试。

1970年4月24日3点50分，周恩来总理电话告知国防科委副主任罗舜初：毛泽东主席已经批准这次发射，希望大家鼓足干劲，细致地做工作，要一次成功，为祖国争光。

21时35分，卫星发射时刻终于到来了。"东方红一号"随"长征一号"运载火箭在发动机的轰鸣中离开了发射台。21时48分，星箭分离，卫星入轨。21时50分，国家广播事业局报告，收到中国第一颗卫星播送的《东方红》乐音，声音清晰洪亮。

↓中国酒泉卫星发射中心

中国首批"登天客"

1964年7月19日，8只白鼠和果蝇、须酶及其他生物制品，成为中国首批飞入太空的"登天客"。

中国第一枚生物试验火箭

1964年7月19日，安徽广德县某地，艳阳高照，青山披彩。做了几千年飞天梦的炎黄子孙为开辟登天路，向茫茫天宇发起了新的挑战。

中国第一枚生物试验火箭英姿飒爽地矗立在52米高的发射架上。这枚火箭总长10.81米，起飞总重量为1165千克。随火箭升空的是四只大白鼠、四只小白鼠和12支生物试管。试管内分别装有果蝇、须酶及其他生物制品。8只白鼠在陌生而神秘的生物舱里，捋须挠耳，仿佛是在相互探问：要把我们送往何方呀？

火箭呼啸升腾，飞入蓝天，渐渐地脱离人的视线。不久，一顶降落伞拽着回收舱飘飘摇摇徐徐降回地面。当科技人员从密封的生物舱中取出8只白鼠时，它们仍然是一副迷惘困惑的神色：怎么这么快又和他们见面了，难道还没有出发吗？

它们哪里知道，在这不足一小时的时间里，它们飞上了70千米的高空，完成了一次神奇的旅行，从而荣幸地成为泱泱华夏第一批乘火箭升空的"登天客"。

后来科学家又用大白鼠做了两次飞空试验，依靠返回救生装置，大白鼠全部活着回到地面，遥控与摄影等数据获取系统工作完全正常，拍摄了大白鼠从超重过渡到失重状态的图片。

"小豹"太空走一遭

在用大白鼠等进行高空试验取得一些实践经验后，为进一步扩大

研究项目，我国在1966年7月，又用狗进行了飞行试验。第一个担此重任的是条雄狗，它的爱称叫"小豹"。

这枚生物火箭的箭头部分是由生物舱和回收舱组成的。里面装有记录"小豹"在飞行过程中的心电、血压、呼吸和体温4大生理指标的磁记录器，装有"小豹"在飞行中姿态的摄影系统，生物保障系统中有自动供氧和自动调节二氧化碳浓度的装置。安放小狗的托盘前部设有条件反射装置，为使它"方便"，狗尾部还安有排泄物收容器。

7月15日清晨，携带"小豹"

的生物火箭在震彻山谷的轰鸣中直冲云际，地面的各种跟踪设备不断接收到火箭上传回的各种信息，数据表明，火箭飞行正常。

两架空军直升机早就接到命令，在回收区上空盘旋搜索，迎候"小豹"凯旋。飞机很快发现了目标，摄影机拍下了生物火箭箭头乘着白色降落伞飘然而下的镜头。

生物火箭箭头以小于每秒10米的速度安全着陆。当科技人员小心翼翼地启开生物舱的舱盖时，一眼看到"小豹"安然无恙地趴在托盘上，目光炯炯有神。科技人员取出托盘，松去"小豹"的飞行安全带，"小豹"欢快地摇晃着尾巴，似乎在向主人们娓娓述说这次遨游的美妙经历。

↓小老鼠是生物实验的首选

图说经典百科

第三章

空间站——探秘 走出地球的驿站

空间站又称航天站、太空站、轨道站，是一种在近地轨道长时间运行，可供多名航天员在其中生活工作和巡访的载人航天器。

营造空间站的"小气候"

宇宙飞船座舱的小气候，是保证宇航员生命安全的至关重要的问题。在太空做长期旅行，开辟空间绿洲，既给空间站提供生态环境，又可供给宇航员蔬菜、果品。

宇宙飞船座舱的大气

为营造与地球相似的生活环境，宇宙飞船设计时采取了一系列十分可靠的技术手段。

其一，模拟大气的混合比例，创造大气条件。太空的空气异常稀薄，在200千米的近地轨道，大气压力仅为地面的六百万分之一。人若无保护，就会造成体液沸腾，失去意识。因此，座舱气压的确定，是载人航天的一个重要考虑。

为保证座舱内有近似地球的大气环境，座舱采取一个大气压的氧、氮混合压力制度，用罐装气体

或电解供氧的办法使座舱中氧气占80%，氮气占20%，保障宇航员每人每天所需的576—930克氧气。对每人每天呼出的约1000克二氧化碳，采用分子筛吸附等方法处理，规定其浓度不大于1%。

其二，保持座舱内适当的温湿度。座舱通过自动调温、调湿和通风系统来实现温湿度的控制。座舱热源首先来自人体热，每人每天大约产生75—150大卡（314—628千焦），占总热量的三分之一；其次太阳辐射和各种电子仪器散发的热量，亦占三分之一左右。除座舱壳体采取隔热措施外，还采用专门的热交换器，把多余的热量吸收辐射出去，使温度维持在18℃—25℃。人体每天呼吸、出汗和皮肤蒸发排出水分1.5升，会在座舱内形成水蒸气，不及时除去，会使电路造成短路。座舱采取冷凝和化学吸收办法，使相对湿度控制在30%—70%之间。

其三，经常保持座舱卫生。人

体代谢物达400种，和各种垃圾、废物混合在密封舱内会造成环境污染，给宇航员身心带来危害。座舱采用物理吸附、化学吸收等方法，排除空气污染。

其四，在轨道上，飞船因处于失重状态，气体自然对流现象消失。为维持人体热平衡，采取气体人工对流的方法，使气流速度保持在每秒0.3—0.5米左右。特别是头部，吹向眼睛的风速不宜过大。

其五，种植植物和喂养动物，营造鸟语花香的世界。如苏联先后在"礼炮6号"和"礼炮7号"空间站设置了特别温室，栽种了小麦、豌豆、葱、郁金香和兰花等多种植物，已证实在空间开辟绿洲的可行性。在太空作长期旅行，开辟空间绿洲，既给空间站提供生态环境，又可供给宇航员蔬菜、瓜果。宇宙飞船座舱的小气候，是保证宇航员生命安全的至关重要的问题。

让宇航员适应空间小气候

无论是美国的天空实验室，还是苏联的"礼炮号"空间站，其座舱的温控问题一直是宇航工程设计攻克的难题。在以往的载人航天过程中，都曾发生过这样或那样温度失控的现象，使宇航员的心理和身体受到威胁。

除了在工程上完善温控设计，目前航天工程又从医学的角度提出，在宇航员训练中，适当扩大身体对宇宙飞船座舱环境的适应能力，作为缓减宇航员对太空环境不适应的辅助手段。用双管齐下的办法，使宇航员适应座舱小气候，使小气候服务于宇航员。

座舱微小气候的调节，目的是保证宇航员在太空生活和工作期间有一个舒适安全的环境。

↓科学家制作出不同的空间站

空间"家园"的能源

在几百千米的轨道上,空气稀薄,无照射太阳,空间背景黑暗,对比度比地面大得多。这些情况会造成宇航员视力下降,看不清仪表读数。因此空间能源的供给显得尤为重要。

电源是宇宙飞船的心脏

飞船处在黑暗中时,舱内需用高效白炽灯或其他措施来保证亮度。为了录下宇航员的工作、生活情况及舱内景物,舱内还必须安置摄影灯。无论是日光还是灯光,舱内都要采取有效措施,使之光线柔和、明亮。此外,除了照明工具外,飞船内许多设备和仪器都是需要电来启动并保持运转的。

电源是飞船的心脏,先前主要靠太阳能电池来解决电源问题,这是一种可以把光能直接转换成电能的半导体器件,寿命长,可连续工

作。只要有阳光,太阳能电池就能工作,向仪器设备提供电能,同时给蓄电池充电。背对着太阳时,蓄电池就接替太阳能电池供电。

目前太阳能电池方阵有两类:一类是立体装式,即太阳能电池直接安装在飞船的壳体上;一类是展开式,将方阵独立于壳体之外,形成单独部件,发射时以一定方式固定在卫星本体上,并收藏在罩内,进入轨道后才完全展开。

太阳能电池有硅太阳能电池、砷化镓太阳能电池、硫化镉太阳能电池。它们都是按一定要求串联和并联而成的。

美国在"发现号"航天飞机上曾试验了一种柔性太阳能电池,它在天上展开的面积为31米×4米,有10层楼高。这种电池采用印刷电路的方法在卡普隆薄膜上制成,可像手风琴一样展开和收缩,折叠时可收放在一个18厘米的小匣子里。它能产生12.5千瓦以上的电能,比普通太阳能电池在性能、寿命、用

途上略高一筹。

空间能源改革换代

随着科学技术的进步，现在燃料电池和核电池也开始被广泛应用于航天事业之中。燃料电池是一种将燃料的化学能转变为电能的电化装置，工作原理与一般蓄电池相似，也是由一种电解液隔开的两个电极所组成，既能产生电又能产生水。其种类有离子交换膜氢氧型，改进的培根型，石棉膜型。额定功率为200焦耳/秒、2000焦耳/秒、5000焦耳/秒。航天飞机在7天的飞行任务中，一共需耗电5857200000焦耳，主要靠三个燃料电池供给，每个电池最小功率34焦耳/秒，平均功率7000焦耳/秒，最大功率12000焦耳/秒，整个燃料电池最大功率24000焦耳/秒，平均功率14000焦耳/秒。在一般情况下，只使用两个燃料电池。根据设计要求，燃料电池的寿命是5000小时，工作寿命为2000小时，每组燃料电池可以完成29次7天的飞行任务。

另外，核电池具有功率大、寿命长的特点。核电池大致分为两大类：放射性同位素电源和核反应堆电源，功率约为2000—5000焦耳/秒。据报道，苏联已在发射的33颗海洋监视侦察卫星上安装了核电源。

核电源在给卫星和飞船带来稳定的电源的同时，亦给人类带来了忧虑。30多年来，苏联已有多颗卫星发生故障，其核动力装置给地球带来难以排解的安全隐患，时常担心核祸从天而降。

目前美国正在研制20千瓦的空间核电源，工作寿命为3—5年，以接替寿命短的电池。不论哪种电池，其电流均要通过功率分配和控制系统分配到飞船各处需要电源的部位去，通过计划分配来满足飞船及其乘员对电力的需求，保证宇航员正常的工作和生活。

扩展阅读

目前，空间站的核发电技术正处在研究阶段。美国宇航局、能源部和国防部的战略防御创新办公室制定了一个"自供电100号计划"，预计发展中的空间站耗电量将超过300000焦耳/秒。这样大的电力供应量，只有依靠核发电来解决。其核发电装置有三种构想，一个是把反应器牢固地安装在空间站上，另一个是用一根很长的软链把核电站吊在空间站上，还有一个是安装在200千米高的自由飞行平台上。哪种方法的可行度较高，现在未成定论。

第三章 空间站——探秘走出地球的驿站

神奇的空间站

空间站有着独特的有利条件，成为外层空间的第四战场指挥中心，可从事各种军事活动，包括侦察、照相、太空兵器发射和试验、指挥控制、协调联络等，无疑可成为"天军"作战司令部。

空间站的特殊构造

一般空间站的基本构架由大型运载火箭发射入轨，本体可以载人入轨，也可先不载人，随后再上人；或短期上人，长期自行工作。根据需要，随后发射货运飞船或航天飞机，把有效载荷运送入轨与之对接，采取积木式建造，逐步扩展。

空间站通常由本体即中心构架、对接舱、气闸舱、轨道舱、生活舱、服务舱、专用设备舱和太阳能电池阵列板等组成。

对接舱用于停靠飞船、航天飞机和各种航天器，一般有两个以上。开始的"礼炮"1—5号只有一个对接舱口，到"礼炮"6—7号增为两个，而"和平"1号已达6个，未来的航天站将会达到12至20个。

气闸舱作为密压舱段与真空空间之间的隔离段，为宇航员进出站内外提供必经的过渡通道。它设有两道舱门，分别与密压舱和外壳舱相连。一般宇航员要在气闸舱内吸纯氧3小时才能出站活动，这叫"吸氧排氮"的"人体处理"。

轨道舱作为宇航员的工作场所，包括实验室、加工室、空间站控制室和修理间。舱内形成了和地球常规环境、压力、温度、湿度等地面自然条件相同的人造环境条件。

生活舱作为宇航员食、住和休息娱乐场所，一般设有卧室、餐厅、卫生间等，宇航员还能洗澡，沿"微型跑道"跑步，骑"自行车记功器"锻炼身体，以及散步，看电视，与地面通过可视电话进行聊天、联络等。

服务舱用于装备推进系统，即作为机动转移、调姿、加速、减速、侧滑等动力设置，气源和电源等能源保障设施，供全站使用。

专用设备舱是根据特定任务而设置的可安装专用仪器设备的舱段，如空间探测器、天文望远镜、各种测试仪、电视摄像机以及遥控侦察照相机等。

太阳能电池阵列板是装载各种设施的用电电源。

在空间站外通常都停靠着一艘载人飞船，随时准备救援。这种救援船，有人就叫它"轨道救生艇"。

未来空间站的发展趋势

目前已上天的空间站实质上都不是永久性的，所谓"永久性空间站"是指在长寿命基础上增加轨道上的替换、补给和维修能力，使空间站的寿命延长到不再需要时为止。因此，空间站的概念也在不断变革，从"长寿命"（5—10年）到"永久性"(无年限)是航天技术的一大飞跃和突破。

有史以来，空间站上天的并不多，只有10座，但空间站的重要性促使科学家们对"永久性"空间站的概念不断扩大，已突破了由单一密封舱段组成的整体，发展为一列"太空列车"的航天器群，除包括大型中心桁架、多个密封舱、非密封舱和太阳能帆板外，还包括同轨平台、极轨平台、轨道机动飞行器、轨道转移飞行器(即"空间渡船")、"太空自行车"、跟踪和数据中继卫星等。

从宏观上看，当代空间站只有短寿命或长寿命两种类型。未来的空间站将有两个发展趋势：即一种是大型的永久性载人空间站；另一种是短期上人，长期自主工作的小规模空间站。

↓空间站

"礼炮号"空间站

　　苏联从1971年4月19日发射了世界上第一座空间站"礼炮1号",到1982年4月19日的整整10年间,先后发射了8座"礼炮号",除一座因故入轨后解体未能工作外,其余7座正常运行。

发展"礼炮号"空间站的根源与意义

　　20世纪60年代,苏联曾在载人登月问题上与美国展开了一场激烈竞争。由于种种原因,苏联的载人登月活动未能成功而败北,继而采取了一条由飞船到空间站,集中力量优先发展空间站的政策。经过几年努力,终于取得预期成果。"礼炮号"轨道空间站的研制和发射,在苏联空间技术的发展计划中,是一个重要的阶段。

　　到1986年8月"礼炮7号"在太空轨道上中止载人飞行为止,15年间共接待宇航员42批94人次驻站工作。这期间,空间站上基本没有中断过载人飞行,共计飞行1700多天,最长的一次是一批人连续飞行237天,并与"联盟号"载人飞船和"进步号"无人货船多次对接构成配套系统。这次连续飞行及对接活动取得丰硕的科研成果和载人航天飞行经验,开创了航天史的空间站技术的先河,对人类航天事业作出了突出贡献。

"礼炮1—5号"寿命短促的第一代空间站

　　从1971年4月19日发射命名为"礼炮1号",到1976年6月22日命名为"礼炮5号"空间站的升空,这一系列空间站划为第一代空间站。

　　这5座空间站寿命一座比一座长,驻站宇航员工作时间越来越长,进行的科研项目和内容也逐渐增多。在这期间多次与载人飞船对接，还进行了由不载人的"联盟20号"飞船给"礼炮4号"运送燃料的实验，从而使它在太空运行的时间延长到15个月，这对向"长寿命空间站"方向发展，具有重要意义。

第一代空间站属于试验性飞行，但也取得了许多重要成果，特别是证明了人能够在太空失重条件下长期生活，还进行了空间站与宇宙飞船的对接试验和演练，为以后组成多元复合体积累了经验，同时在站上开展了冶金和晶体生长等实验工作。

"礼炮1号"空间站由对接过渡舱、轨道工作舱和服务舱三大部分组成，总重18.5吨，最大直径4米，总长12.5米。对接过渡舱是直径2米的圆筒。它有一个供"联盟号"飞船停靠的对接舱口。"联盟号"飞船和"礼炮1号"对接后，飞船里的宇航员从这里进入"礼炮1号"。

在"礼炮号"空间站上，进行了天文、地理、医学和材料加工等方面的大量科学研究，获取了许多重要科学资料；其中3号和5号两艘还专门执行军事任务，搜集军事情报。然而，苏联也为此付出了极大的代价。

↓空间站

在太空中洗澡确实不容易

洗澡是保持身体清洁、促进人体健康的一种活动。较长时间不洗澡，人就会有不舒服的感觉，在太空也是一样的。宇航员享受洗澡的爽快是件很不容易的事情。

宇宙浴室

在飞船里的"宇宙浴室"，其实就是一个如同手风琴式的密闭塑料布套。它挂在飞船座舱卫生间的顶棚上。

宇宙浴室要用时放下，不用时叠起来吊在顶棚上。顶棚固定有一个圆形水箱、喷头和电加热器，水箱内盛5升水，与飞船的冷热水管道相通。

浴室的地板上有一双在飞船舱固定的橡皮鞋。淋浴时，宇航员必须首先把通到浴室外的呼吸管套在嘴上，用夹子把鼻子夹住，避免从鼻腔或嘴中流进污水。然后放下密封塑料布套，使浴室形成真空，防止水珠向外飘出。接着穿上拖鞋，固定在一个适当的位置。启动电加热器，把水箱中的水加热到适当的温度，而后打开龙头，让温水由上喷下浇在人体上。

浴室的地板上有许多小孔，下面是废物集装箱，用于盛废物和污水。当废水箱的水满了之后，就会自动报警，或由飞行员操作排出舱外，或将废水送入废水净化设备进行处理，然后再回收利用。

第一个使用太空热水浴的宇航员

美国天空实验室的失重淋浴室就是这种类型的。它放在轨道工场的实验工作区，呈圆筒形，外壳是布的，不用时折叠成扁平的形状。淋浴室的底环固定在地板上，并有脚限制器，上面的环包括淋浴喷头和软管。

宇航员在使用淋浴室的时候，在一个增压手提式水瓶中加满热水，然后把水瓶挂在天花板上。一条软管把贮水瓶连到一个手持淋浴喷头上，宇航员用手把圆筒形的淋浴室壁向上提到适当位置，便可以用液体肥皂开始洗澡。肥皂和水是定量供给的。

宇航员韦茨是第一个使用淋浴的地球人。1973年6月8日，韦茨和他的伙伴享受了一次特别难忘的太空热水浴。

下午6时左右，在宇航员座舱，他跨进一个直径约1米的圆环里。当他把圆环升高时，连在上面的淋浴布筒便像手风琴一样伸开，把他罩住。

把圆环固定在天花板上像盖子一样的装置上，打开喷头后，一种奇特的现象产生了。喷出来的水不是往下掉，而是散成浓雾般的珠滴四处飘荡，落到人身上和布筒上时发出"吧嗒吧嗒"的响声。水四处飘荡不往下水道流去；韦茨淋水之后便关掉喷头，用打了肥皂的毛巾搓洗，然后用剩下的水冲洗，最后开动水泵，把污水从淋浴密封桶里抽出来，再用类似真空吸尘器的东西把附在布筒上的水吸走。

整个洗澡过程前后用了一个小时，其中擦澡15分钟，而排除污水却用了45分钟。现在美国航天飞机宇航员洗澡已由淋浴改为盆浴，与家庭浴室差不多。唯一不同的是，澡盆里有一副"脚镣"，洗澡时需把脚套在其中，或用保险带系起来，以免飘走。水有吸附黏性，不流走。因此太空洗澡用水异常节省，不用担心浪费。

↓引力对人类生活十分重要

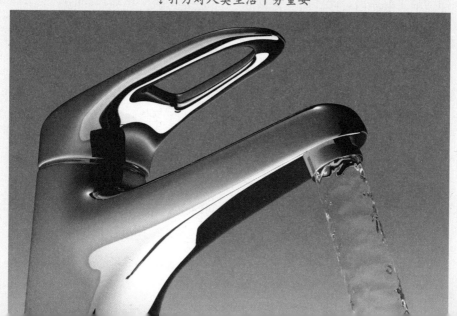

宇航员在太空中怎样睡觉

平凡的事情只有在它不平凡时才值得关注。睡觉是极其平凡的,但太空睡觉却很不平凡,因为那里的环境条件与地面上迥然不同。

飘着靠着绑着睡:你喜欢怎么睡?

飞船绕地球飞行时处于失重状态,这是造成太空睡眠与地面上不同的最主要原因,此外还有昼夜节奏不同,以及存在噪声干扰等等。

在床位紧张时,常常听到这样的玩笑话:今晚上把你挂在墙上睡。在航天飞行时,这种睡眠方式一点也没有玩笑的成分。

在失重环境中,不管在什么地方(飘在空中、靠着墙壁、绑在床上)都可以睡觉。不过,许多人对飘浮睡觉不习惯。

一位美国阿波罗飞船的宇航员说:"当你在睡觉中发现自己身体下面没任何支撑的东西时,你会有一种掉进万丈深渊的感觉。"所以,为了安全起见,最好还是睡在睡袋中,把睡袋固定在床上或墙壁上,以免到处飘浮,在飞船有速度变化和振动冲击时造成碰伤事故。

太空睡觉感觉就是不一样

考虑到人必须要保证充分的睡眠,美国在航天飞机上设置多层水平床铺,每个床铺长1.8米,宽0.75米,有一条能防火的睡袋,睡袋通过绳索和搭钩与床铺相连。睡觉时,钻进睡袋,拉上拉锁,用皮带系住腰部,就可以睡觉了。但是,许多人不习惯睡多层铺。

一名欧洲宇航员说,当他在下铺睡觉时,感到好像在床底下睡觉一样。有的人宁愿睡在两层甲板中间的空格中。

其实,如果把睡袋挂在墙上,

照样可以很好地睡觉。如果将睡袋紧贴墙壁，睡觉时后背可以伸直，会感觉像睡在床铺上一样，只不过垂直床铺比水平床铺多占用23％的空间。

欧洲航天局设计了一种新型睡袋，为双层充气睡袋。充气后，睡袋被拉紧，给人体施加一定的压力，这不仅可以改善胸部血液循环，还可以消除一种飘飘然的自由下落感。

在失重环境中，不管以什么姿势(平躺着、直立着、倒挂着、蜷曲着)都可以睡觉。不过，如果完全放松睡觉时，人的身体会自然微曲成弓形。

大多数宇航员认为，身体微曲比完全伸直睡眠要舒服得多。但是，为了防止腰背病，还是将后背伸直睡觉好。在失重环境下，一切重量消失了，头和躯体会感到被分离了一样，手臂也像在自由飘浮。一名苏联宇航员一次把手臂放在睡袋上面睡觉，醒来时在朦胧中发现两只手向他迎面飘来，吓出了一身冷汗。所以，睡眠时最好把手臂放进睡袋中。

在早期狭小的航天器座舱中睡觉，为了防止无意中碰着开关，睡觉时必须将双手束在胸前。

趣味故事

苏联的太空医学生物学研究所的专家研究过许多宇航员的太空梦。他们的研究表明，宇航员的太空梦完全是地球梦。几次上天飞行的苏联宇航员克利穆克，在太空梦见过和妻子、儿子一起在森林中采摘蘑菇，甚至还闻到了牛肝菌和变形牛肝菌的香味。宇航员贾尼别科夫和萨维内赫都曾梦见过在莫斯科近郊的家乡、星城宇航员训练中心和他们的亲朋好友。另一名苏联宇航员梦见过下大雨，而且这梦中的大雨把他惊醒了，使他辗转难眠。至于太空梦境的颜色，许多宇航员都十分肯定地回答完全是黑白梦。第一名到太空行走的宇航员列昂诺夫，酷爱绘画，他两次到太空飞行，所做的梦没有一次是彩色的。世界上第一名女宇航员瓦莲京娜·捷列什科娃于1963年6月16日到6月20乘坐"东方3号"飞船在太空飞行71小时，未做过一次太空梦。

↓航天员在太空中需要用睡袋睡觉

太空的垃圾都流向了何方

　　哪里有人类活动，哪里就会产生垃圾。载人航天飞船也会产生垃圾。密封座舱内的垃圾包括：包装材料，损坏的器具和仪器设备产生的废物，更换下来的仪器设备和零部件，人排出的固、液、气体，卫生辅助品，头发，指甲，食物屑等。

太空"放屁"能忍则忍

　　放屁，是人的一种正常生理现象，在地球上放屁并不会觉得有什么不方便，而在太空放屁，则是一件很不简单的事。

　　美国宇航局曾对放屁作了专门研究。每人每天平均放屁三次，一天放出的屁，重量约相当于一瓶牛奶。人之所以放屁，是肠内细菌作怪的结果。在水中放屁，可用玻璃瓶把屁收集起来进行研究。

　　屁的成分包含有数百种气体，其中氢占10%、氮占60%—70%、二氧化碳占10%、氧占5%、甲烷占5%，还有具有臭味的挥发性胺、挥发性脂肪酸、氨、硫化氢、靛基质、吲哚、粪臭素和其他微量气体。

　　飞船的座舱是密封的，而且很狭小，放屁多了会污染座舱环境，使人心情不舒畅，食欲不振，甚至患病。氢和甲烷等可燃气体多了还会发生爆炸。座舱当然有调节设备，但也会增加调节设备的负担，消耗更多的能源。在失重环境中，放屁的微小推力，还会把人推走！

　　因此，在太空应尽量少放屁，憋一憋，屁中的氢和氮可由肺部和皮肤排出，其他成分也可进入血液，最后由尿排出。

宇航员太空个人卫生有讲究

　　不过，有时憋屁会感觉不舒服，甚至引起精神不振。这时，也不要随时随地放屁，最好是到厕所里去放。

为了减少屁源，应讲究个人卫生，进食时要细嚼慢咽，使食物在肠胃中得到更好的消化。航天食品应避免选择那些容易产生屁的原料。

在太空放屁难，在太空大小便更难。如果像地面上一样小便，由于失重，排出的尿液碰到便桶会反弹回来，溅在自己的身上，或飘浮在空中。

载人航天初期，宇航员将尿撒在尿袋中，然后倒掉；大便时，将袋口带胶布的粪袋贴在臀部上，大便后将用过的手纸和消毒水放入袋中，合上袋口，然后抛弃，或者用手将袋中的东西揉捏在一起，放在贮存箱中，带回地面检验。

加消毒水和揉捏是为了彻底消毒，不然粪便在袋中腐烂，产生气体，袋子膨胀，甚至将袋子胀破，就会污染环境。这种方法是不可靠的，稍不注意，排泄物就可能从袋中飞出来。

◆◆太空洗澡，价格昂贵 - - - - →

讲究个人卫生，洗澡是必需的。但是，太空中的水跟银子一样昂贵，再加上以高昂运费送上天的洗澡设备，洗一次澡的代价是非常大的。

一般一个星期甚至一个月才能有一次淋浴，这无论从费用、心情和身体舒适方面讲，都是一次奢侈的享受。

↓太空垃圾

俄罗斯的骄傲："和平号"空间站

　　2001年3月23日，俄罗斯的"和平号"空间站在南太平洋上空黯然陨落，随之坠毁的是一个时代——标志着俄罗斯宇航大国时代的终结。

"和平号"空间站曾是最璀璨的一颗明珠

　　1986年2月20日"和平号"空间站升空，它是集苏联第一代、第二代太空站的经验建造的第三代太空站，也是世界上第一个多舱太空站。其设计计划工作寿命为3到5年，却在太空中飞了15年。俄原本计划开发出"和平2号"空间站接替"和平号"。但是苏联的经济危机及解体后俄经济的困境，使"和平2号"因资金不足而难产，并最终葬送了"和平号"。

　　15年间，"和平号"事故频出，据说多达1500次。尽管道路坎坷，"和平号"仍然在困境中发展载人航天技术。它完成了24个国际性科研计划，进行了1700多项、16500个科学实验，研制产生了600项日后可供工业应用的新技术。先后有12个国家的100多位宇航员登上"和平号"，其中，外国宇航员就有62个。在俄文中，"和平"的另一个含义是"世界"，"和平号"

↓空间站对接

成了名副其实的"世界号"，成为人类实际上的国际空间站。

"和平号"轨道空间站的坠落，标志着人类历史上迄今体积最大、应用技术最先进、设施最完善、太空飞行时间最长的空间站永别人类。"和平号"的坠毁，也标志着人类航天史上一个时代的结束。在15年中，"和平号"一直是俄罗斯国防和军事潜力的象征，对于俄国人来说，"和平号"的坠落，带走的是对昔日强大国家的美好回忆，它坠落了俄罗斯的骄傲。

在"和平号"的"继任者"建成之前，人类再次进入没有大型载人太空航天器的时代。然而，正如有人所说："宇航时代的发明没有一项是出自某个人的英雄壮举，都是战争的产物。"效力于军方的、获得高额补贴的研究组完善了这些发明。

"和平号"空间站有5个试验舱

天文物理舱："量子1号"也称为"和平号"空间站的天文物理舱，1987年3月31日发射，4月9日与"和平号"空间站对接，1988年8月25日抛掉了服务舱。其主要功用是用于载人自动天文观测，扩展"和平号"实验设施。天文物理舱的组成包括了实验室舱和传送舱，

它们是密封舱，其容积为40立方米，还有非加压后载荷舱。全长为5.8米，最大直径为4.5米。与"和平号"空间站对接飞行时，其重量为11050千克（其中包括了1.5吨的科学仪器、2.6吨的"和平号"设备，如太阳能电池板等）。

"量子2号"舱："量子2号"是"和平号"空间站的第一个径向舱。其主要功用是扩展"和平号"空间站，并作为舱外活动的通道和出入口。它于1989年11月26日从邱拉坦航天中心发射；12月8日，在机械臂的帮助下，从前轴向对接口转移到径向对接口处与之对接。至此，"和平号"空间站复合体成"L"形在轨道上运行。"量子2号"舱由三个主要部分组成主体结构：气闸舱、科学设备舱和服务存贮舱。

"晶体号"舱："晶体号"于1990年5月31日从邱拉坦航天中心发射，6月11日，在机械臂的帮助下，与"量子2号"相对应的对接口处实现了对接。"晶体号"舱由两个密封舱组成：仪器载荷舱和仪表对接舱。全长为11.9米，最大直径为4.35米，舱内的密封总容积为60.8立方米，总重量为19.64吨（其中含有7吨货载）。

"晶体号"是"和平号"空

间站的第二个径向舱，其主要功用是在空间飞行条件下，获得特殊性能的结构材料、电子器件、生物制剂和植物栽培工艺；增强地球资源勘察和天体物理实验的能力，还可作为航天飞机停靠的"码头"。显然，它增大了"和平号"空间站，为长期性载人飞行带来了更加有利的条件。

光学舱：1995年5月20日，由SL－13"质子号"火箭发射，总质量约200吨，主要用于研究大气物理，还可用于研究生物医学等。1997年6月25日，俄"进步"型货运飞船与"和平号"对接时发生碰撞，光学舱被撞坏并导致空间站外壳损伤，致使光学舱段被迫关闭，部分氧气泄漏，动力系统也受到影响。该舱的遥感设备专用于大气研究，计划有两年的寿命期。光学舱还安装有一个小型的外部操纵器，这个机械臂还可以用于部署小型卫星。

自然舱：1996年4月27日升空，长约13米，总质量19.7吨。自然舱又称为环境监测舱，其上装有多光谱、微波和红外扫描器、激光雷达、臭氧敏感器和其他环境监测敏感器。主要用于陆地、海洋和大气层遥感探测及材料科学、生命科学和生物技术研究。

美国的第一个空间站："天空实验室"

"天空实验室"是1973年美国发射的载人空间站，站上拥有阿波罗望远镜和其他仪器，主要观测太阳和地球。除此之外，它还从事人类在失重状态下生理和心理反应等各种科学研究工作。该空间站于1979年7月坠落。

"天空实验室"的结构

"天空实验室"空间站的航天员由"阿波罗"飞船接送。自1973年5月到1974年2月先后接纳过3批航天员，每批3人，在站分别工作了28天、59天和84天，进行了270多项研究实验，拍摄了18万张太阳活动的照片、4万多张地面照片，还进行了长期失重人体生理学试验和失重下材料加工的试验。1979年7月11日，该空间站进入大气层烧毁。

空间站的最大部分，是一个"二层小楼"，下层供宇航员睡觉、准备食品、吃饭、整理个人卫生、处理废物，并进行一些实验工作，上层有一个大工作区和贮水箱、贮放食物箱、冷冻箱以及实验设备、用品。轨道工场外面有一个薄的铝制防护罩，发射时这个罩紧贴在轨道工场上，到大气层外自动张开。防护罩距轨道工场127毫米，它可以遮挡阳光，使舱内保持合适的温度，并可防止太空中的碰撞。

空间站投入使用

1973年5月14日，一枚两级型的"土星－5"火箭把不载人的天空实验室送入435千米的近地轨道。同年还先后发射了3艘阿波罗飞船与"天空实验室"对接，这3艘飞船分别称为"天空实验室－2"、"天空实验室－3"、"天空实验室－4"。"天空实验室"在起飞63秒后，由于其微流星/阳光防护罩以及一个太阳电池翼被高速气流冲掉，致使舱内温度急剧上升。1973年5月25日，一艘阿波罗飞船（天空实验室－2）载3名航天员与"天空实验室"对接，航天员用一顶遮阳帆挡住阳光，使实验室内温度下降，并展开了另一个被卡住的太阳翼，才使"天空实验室"得以正常工作。

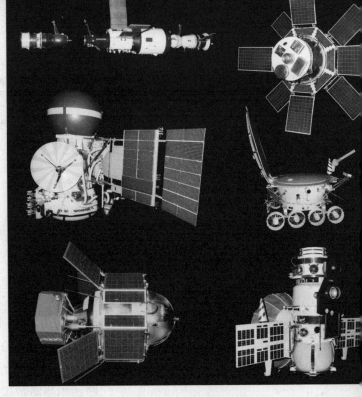

↑天空实验室

1973年5月14日，"天空实验室"由土星5号运载火箭发射，进入离地面435千米的近圆轨道，入轨前出现故障。1973年5月25日，3名航天员乘阿波罗号飞船与"天空实验室"对接，由航天员对"天空实验室"的故障予以维修，使其开始工作。后来"天空实验室"又接待了由阿波罗号飞船送来的两批航天员。这3批航天员每批3人，在空间站内分别工作和生活了28天、59天和84天。"天空实验室"用58种仪器进行了270多项天文、地理、遥感、宇宙生物学和航天医学试验研究。其中，用太阳望远镜观测并拍摄了18万张太阳活动的照片；用6种遥感仪器对地球进行了观测、拍摄4万多张地面照片；用7种仪器研究太阳系和银河系的情况；用医疗器械研究长期失重对人体生理的影响；还进行了失重条件下的材料加工试验。1974年2月，第三批宇航员离开太空返回地面后，"天空实验室"便被封闭停用，直到1979年7月12日在南印度洋上空坠入大气层烧毁。它在太空运行了2246天，航程达14亿多千米。

图说经典百科

第四章

宇航员——太空里程碑上的飞天英雄

　　宇航员，或者称为航天员，是指以太空飞行为职业或进行过太空飞行的人。确定太空飞行的标准目前还没有完全统一。

世界上第一位遨游太空的宇航员

1961年4月12日莫斯科时间上午9时零7分,尤里·加加林乘坐"东方一号"宇宙飞船从拜克努尔发射场起航,在最大高度为301千米的轨道上绕地球一周,历时1小时48分钟,于上午10时55分降落在苏联境内,完成了世界上首次载人宇宙飞行,实现了人类进入太空的愿望。

划时代飞行成就:第一个太空人

尤里·加加林于1961年4月12日乘"东方一号"飞船首次绕地球飞行。在火箭发射前,科罗廖夫在发射平台上,对加加林说:"你非常幸运,你将从太空往下看地球,我们的地球一定很美。"

"东方一号"飞船成功进入运行轨道的同时,苏联莫斯科电台广播了一则消息:"飞船的轨道与赤道

的夹角是64.95度。飞船飞经世界上大多数有人居住的地区上空。"

宇航员加加林这时躺在飞船的弹射座椅上,他正从报话机里描述人类从未见到过的情景:"我能够清楚地分辨出大陆、岛屿、河流和大地的轮廓。我第一次亲眼见到了地球表面的形态。地平线呈现出一片异常美丽的景色,淡蓝色的晕圈环抱着地球,与黑色的天空交融在一起。天空中,群星灿烂,轮廓分明。但是,当我离开地球黑夜一面时,地平线变成了一条鲜橙色的窄带。这条窄带接着变成了蓝色,接着又成了深黑色。"

这是人类第一次绕地球飞行,具有划时代的意义,同时也需要极大的勇气。1960年5月,"东方一号"原型卫星的减速火箭发生点火错误,使卫星在空间烧毁。第二年12月,载人密封舱进入错误轨道,并在大气层中燃烧,装在密封舱里的两条狗化为灰烬。

加加林划时代的飞行是在当地

时间9点07分开始的，正好108分钟后绕地球运行了一周，他回到了自己的国土上。

降落地点是斯梅洛伐卡村，村民们看到加加林头戴一顶白色的飞行帽，身着一套笨重的增压服时，惊讶得目瞪口呆。

"东方一号"飞船重约4.73吨，由球形密封座舱和圆柱形仪器舱组成。座舱直径2.3米，能乘坐一名宇航员。舱外覆盖防热层，舱内有维持10昼夜的生命保障系统，还有弹射座椅和仪器设备。

飞船再入大气层时，抛掉末级火箭和仪器舱。当座舱下降到离地7000米时，宇航员弹射出舱，由降落伞着陆。"东方一号"飞船既可自控也可手控，它的轨道近地点为180千米，远地点约222至327千米，运行周期是108分钟。

苏联人民夹道欢迎飞天英雄

加加林原为上尉军衔，飞船刚一升空，苏联国防部长就签署了为他晋升少校军衔的命令。他返回市区的时候，成千上万的群众夹道欢呼，首都莫斯科的专机前来迎接，7架歼击机护航，大红地毯从专机舷梯下一直铺到为欢迎他而临时修建的主席台前，国家领导人都来到机场。

科罗廖夫是飞船的总设计师。他与加加林长时拥抱，热泪盈眶。在17辆摩托车护送下，加加林乘敞篷汽车进入莫斯科，整座城市鲜花如云，礼炮轰鸣，数十万人欢迎这位宇航员凯旋。加加林被授予"苏联英雄"称号。

↓坠毁的飞机

世界上第一位女性宇航员

瓦莲京娜·弗拉基米罗夫娜·捷列什科娃是世界上第一位实现太空飞行的女性，是俄罗斯唯一的女将军，被誉为"民族英雄""世纪女性"，获得过联合国和平金奖、列宁勋章、齐奥尔科夫斯基奖章等，月球背面的一座环形山以她的名字命名。

对手意外怀孕：让她成为女性第一太空人

1962年初，苏联挑选女宇航员一事在严格保密的情况下紧锣密鼓地展开。当时主要是从各地航空爱好者俱乐部的女飞行员和女跳伞运动员当中挑选。先是从数百人当中选出60人参加体检，经过层层筛选后，最后选中5人。

这些姑娘们来到了莫斯科郊区的星城航天基地。几个月紧张的学习和训练过去了，谁来执行首飞任务？这个问题不仅萦绕在每个学员的心头，也困扰着领导者。

综合各种因素来考虑，瓦莲京娜·捷列什科娃在这5人当中绝不是最强者，至多只能是第二，要命的是她档案中有一项"历史不清楚"：她的父亲自1939年上前线后至今下落不明，这在政治要求极为严格的当时，足以挡住姑娘的"飞天之路"。但她本人在5人中政治表现确实是最好的，最后委员会决定由她所在的航空俱乐部的队友塔季扬娜·莫洛兹切娃担任首飞，由她做替补。

然而在飞天前的一次体检中，意外却发生了：莫洛兹切娃竟然怀孕了！这确实让委员会全体人员非常吃惊，经过考虑后，委员会最后决定由替补捷列什科娃完成人类首次女性飞天壮举。

1963年6月16日，"东方6号"飞船从拜科努尔升空，将捷列什科娃送入太空，同时也将她送上了荣誉的顶峰。

女英雄着陆实况：不为人知的秘密

人们常见的捷列什科娃首次飞天归来的照片，画面上的她是微笑如花，却不知道这都是后来补拍的。

真实的情况是：当时飞行非常危险，在整个48小时的飞行中，捷列什科娃在狭小的"东方6号"飞船里一动不动，恶心得一直都想吐，但坚定的意志使她总是向地面报告"感觉良好"。

飞行归来载人舱近地弹射时，她的头被头盔狠狠撞了一下，等到着陆后，人们发现她的脸部和太阳穴处发青，整个人也几乎没有什么知觉。她被紧急空运到莫斯科进行抢救，直到苏联最权威的医疗专家向人们宣布她脱离了生命危险时，大家才算松了一口气。

第二天，人们专门对她进行了精心化妆，再把她重新放进载人舱，然后补拍了一系列镜头：人们欢呼着奔向着陆点，打开舱门，看到满脸笑容的捷列什科娃安然坐在舱内……很快她的照片传遍了世界。

↓航天卫星研究很重要

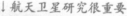

世界上第一位在太空行走的女性

1984年7月30日，苏联宇航员斯韦特兰娜·萨维茨卡娅返回地面，从"联盟T12号"飞船的宇宙密封舱走出，结束了13天的太空飞行。在这次飞行中，萨维茨卡娅成为第一个在太空行走的女性，她也是第一个进行过两次太空旅行的女性。

女性也可参与宇宙飞行

初次进入遥远而神秘的太空，萨维茨卡娅并未感到太空如人们描绘的那般冰冷、寂静，她眼中的太空生机勃勃。当时，她和贾尼别科夫一道去飞船外试验一种新的电子仪器，这在当年可绝对是惊人之举。这次试验有一定的风险，他们必须保质保量地完成，所以根本没有机会聆听想象中的宇宙之声。

萨维茨卡娅身上有着女性的柔情，她不喜欢人家说她征服了太空。她认为自己只不过参与了一项非常有趣的工作，和男性一样承担了重任。她一向认为，某种职业拒绝对女性敞开大门是错误的做法。她的举动也证明：女性能顶半边天!萨维茨卡娅头一次飞向太空是在捷列什科娃首次飞上太空后19年。她们敢为人先的举动最终向世人证明：女性也可参与宇宙飞行。萨维茨卡娅本人持这样一种观念：如果女人想从事这项工作，那就让她放手去做吧。

美国已有大约30名女性飞入太空。她们表现得非常出色，所以不会再有人说：宇宙是只属于男人的世界。但这并不意味着所有的人都能飞上太空。这项事业毕竟特殊，它需要受过精心培训的专业人员来从事。在成为宇航员之前，萨维茨卡娅是一名试飞员，还是航空和跳伞运动项目的世界冠军和纪录保持者。

太空行走的女英雄

1984年7月25日，崇拜加加林的苏联女宇航员萨维茨卡娅，走出"礼炮7号"空间站，向地球问好。这是萨维茨卡娅第二次"上天"，她的任务是到"礼炮7号"轨道站舱外进行试验性焊接操作。贾尼别科夫用摄影机拍下这一切，并向地面传送。萨维茨卡娅动作娴熟，准确无误，还不时向地面报告进程。最后，她宣布："我已对第一块模板进行金属喷漆，样子很好看。"她在空间站外进行操作实验，有些看似简单的操作，要在失重状态下完成并不是一件容易的事。如：她用锤子钉钉子时，钉子的反作用力会将她弹开；用力拧紧螺丝帽时，反作用力会推着她往相反的方向拧。试验进行了三小时，最终，萨维茨卡娅准确无误地完成了操作，返回空间站。这是地球上的女性首次在太空漫步并完成修理操作实验。此时距离列昂诺夫的首次太空行走已过去整整19年。萨维茨卡娅返回地球之后，被人们誉为"太空行走的女英雄"。

↓宇航员太空行走

中华飞天第一人

　　杨利伟作为"中华飞天第一人"，乘坐我国自主研制的"神舟五号"载人飞船顺利飞入太空，并于第二天成功返回地面。这一非凡壮举是我国航天史上具有重大意义的里程碑，标志着我国综合国力的进一步提升，极大地振奋了民族精神。

我国首次载人航天飞行圆满成功

　　2003年10月15日9时整，"长征二号"F火箭在酒泉卫星发射中心成功地将"神舟五号"送到近地点200千米、远地点350千米、倾角42.4°初始轨道，实施变轨后，进入343千米的圆轨道。飞船环绕地球14圈后在预定地区着陆。

　　"新型长征二号"F捆绑式火箭，是长征系列运载火箭第71次飞行，也是继1996年10月以来，我国航天发射连续第29次获得成功。

　　"神舟五号"飞船除了载有中国飞天第一人杨利伟外，返回舱内还搭载有一面具有特殊意义的中国国旗、一面北京2008年奥运会会徽旗、一面联合国国旗、人民币主币票样、中国首次载人航天飞行纪念邮票、中国载人航天工程纪念封和来自祖国宝岛台湾的一些农作物种子等。

　　16日6时23分，飞船在内蒙古主着陆场成功着陆，实际着陆点与理论着陆点相差4.8千米，返回舱完好无损。我们的航天英雄杨利伟自主出舱。我国首次载人航天飞行圆满成功。

中华飞天英雄畅游太空

　　2003年10月15日9时10分左右，飞船进入预定轨道。从这一刻起，杨利伟成了浩瀚太空迎来的第一位中国访客。9时31分许，停泊在南太平洋的"远望二号"测量船捕获飞船信息。

19时42分，载人航天工程总指挥李继耐宣布："飞船已进入预定轨道，发射取得成功。"10时许，在"神舟五号"飞船进行环绕地球第一圈飞行时，在报告舱内环境正常后，杨利伟得到指令，打开面罩，拿着书和笔。当他松开手时，笔在太空失重环境下立即飘浮起来。

11时过后，杨利伟开始在太空中进餐。他一边看书，一边用捏挤包装袋的方式享用这顿不同寻常的午餐。12时左右，杨利伟开始进行他在外太空的第一次休息。画面显示，仰面躺卧的杨利伟表情沉静，

在环绕地球飞行的飞船中，他的这次酣眠持续了约3个小时。

18时40分许，"神舟五号"飞船运行到第七圈，杨利伟在太空中展示中国国旗和联合国国旗。他在距地面343千米的太空中说：向世界各国人民问好，向在太空中工作的同行们问好，感谢全国人民的关怀。

10月16日4时19分，"神舟五号"飞船进入第十四圈飞行。5时35分，北京航天指挥控制中心成功向正在太空运行的"神舟五号"载人飞船发送返回指令。

↓中华英雄杨利伟与神舟飞船

最具影响力的宇航人物

　　地球是人类的摇篮，但是人类不会永远生活在摇篮里。他们不断地争取着生存世界的空间，先是小心翼翼地冲出大气层，然后便是探索整个太阳系。

宇航之父

　　1903年，齐奥尔科夫斯基发表了对人类宇航事业具有奠基意义的巨著《利用喷气装置研究宇宙空间》。这篇论文第一次提出了喷气装置即火箭在自由空间中运动的基本原理，推导出了火箭在重力场中运动时达到最大速度的数学公式。这个公式指出：要获得火箭最大速度，必须提高喷气速度和火箭的质量比。所谓火箭的质量比就是火箭的初始质量与发动机熄火时的质量（即推进剂燃尽）之比。这个简洁的数学公式，却是人类打开航天之门

的一把金钥匙。

　　以后，齐奥尔科夫斯基又进一步提出了"火箭列车"（多级火箭）的设想。他认为要想使火箭突破第一宇宙速度(7.9千米/秒)，将航天器送入地球轨道，单级火箭是无法胜任的。为此齐奥尔科夫斯基阐述了利用"火箭列车"克服地球引力的构想，就是将两节以上的火箭串联起来，组成一列多级火箭以提高火箭的速度。多级火箭采用一种质量抛扔原理，每级火箭燃料耗尽后自动脱落，下一级火箭接着点火，随着这种抛扔，火箭越飞越轻，越飞越快，而随着火箭高度的上升，地球的引力和空气的阻力会越来越小，最终火箭将摆脱地球的引力，飞向宇宙。

人类航天史上年龄最大的宇航员

　　1998年10月29日，约翰·格伦以77岁高龄乘坐"发现号"航天

飞机升入太空，成为人类航天史上年龄最大的宇航员。美国总统克林顿和78名国会议员以及30多万名参观者在肯尼迪航天中心为这位太空老人壮行。

1962年2月20日，约翰·格伦乘"水星6号"飞船进入太空并环绕地球飞行，成为美国进入地球轨道飞行的第一人。他拍下了第一批从太空观看地球的照片，使人类终于看到了自己生活的星球。"水星6号"飞船环绕地球飞行3圈共4小时55分后安全返回，降落在大西洋海域。格伦于1964年1月离开载人航天中心，1965年从海军退役，先经商，后从政，1974年当选为参议员。

事隔36年后，作为美国国会老人问题委员会成员，为进行老年医学科学实验，格伦这位年已77岁高龄的老人重返太空，完成了为期9天的太空之旅，成为人类航天史上年龄最大的宇航员。

格伦曾先后获得美国海军陆战队航天奖章、美国国家航空航天局卓越服务奖章和国会航天荣誉奖章等。

第一个完成太空行走的宇航员

◆◆ - - - - - - - - - ▶

1965年3月18日，苏联宇航员列昂诺夫与别列亚耶夫乘坐"上升2号"宇宙飞船升空，8时30分，当飞船在地球轨道飞行第2圈时，列昂诺夫离开飞船密封舱，经过密封过渡舱，由一根5米长的安全带拴着，进入开放的宇宙空间，首创人类太空漫步的奇迹。

列昂诺夫在舱外共停留了20分钟，其中的12分钟9秒是在进行太空行走。他穿着90千克重的特制航天服，背着"生命保障系统"背包，在太空中飘浮，还完成了空翻等几个体操动作。

列昂诺夫的这次太空之旅的确是惊险连连，在他完成漫步活动准备返回飞船时，却被舱门卡住无法动弹，原来由于太空中没有大气压，他的宇航服像气球一样膨胀了起来。列昂诺夫用十几分钟时间三次对宇航服放气减压，一直减到极危险的低限，才终于穿着瘪下来的航天服通过舱门。后来飞船又在重返大气层时发生自动导航系统失灵的故障，列昂诺夫与别列亚耶夫不得不使用手动定向系统返回。由于手动控制不够精确，他们错过了预定着陆点，最后降落在白雪覆盖的乌拉尔山的原始森林中，离原预定着陆点1300千米。

1975年7月，列昂诺夫又参加了被称为"太空握手"的美、苏两国飞船的太空对接互访活动。

怎样才能成为宇航员

做一名宇航员，遨游太空是许多人的梦想。那么怎样才能成为一名优秀的宇航员呢？

宇航员的选拔

宇航员选拔一般分为两个阶段。首先要招收一批志愿者，他们身体要好，身高在1.6—1.75米，年龄不超过40岁，受过高等教育，经过一系列检查后先选出预备航天员，然后在此基础上进行飞前合格选拔。

宇航员的选拔通常要经过基本资格审查、临床医学检查、生理机能选拔、心理选拔、特殊环境因素耐力和适应性选拔等，其实施阶段一般又细分为：预选查、特殊环境、门诊检查、住院检查、特殊环境因素检查，训练过程中的时间大约为1年，其淘汰比例约为1：100，

在早期淘汰的比例更高。在上述选拔中，医学选拔是最关键的一关，生理机能选拔是最基础的。

宇航员必须具备的条件

要成为宇航员，必须有强健的体魄，良好的知识水平，以及分析和解决问题的能力。早期的宇航员都是从空军的飞行员或试验飞行员中挑选出来的。随着飞船的设计逐步改进，对宇航员体格的要求亦相应地降低。现在，宇航员可分为驾驶员、任务专家和载荷专家；驾驶员的任务是驾驶飞船，而任务专家和载荷专家则负责一系列的研究和试验。

宇航员的基础训练

基础训练的目的，首先是使宇航员候选人掌握并完成载人航天所必需的科学知识和技能，其次是要进一步提高其体能和改善其心理品

质。宇航员所必须接受的体能和心理训练：例如置身重力达10磅地球重力的离心机和长期处于绝音室的训练，其艰苦程度实在令人难以想象。

宇航员选拔要求严格。首先，要有本科学历程度，需要接受科学、医药、工程学等领域的知识培训；其次，必须具备操作经验，尤其是担任试飞员的经验；第三，优秀的宇航员还善于帮助别人。

飞船进入宇宙空间后，远离人群，除和地面联系外，与世隔绝，长期的寂寞生活对人的心理、生理都有一定的影响。为了让宇航员能够适应这种特殊的生活，隔离室训练便应运而生。隔离室几乎不受任何声响刺激，如同与外界隔绝一样。

性格是否合得来是不是选定机组人员时要考虑的因素？宇航心理学家表示：性格并不是最重要的。许多人听到都会感到吃惊，因为毕竟宇航员要在一个狭小的空间里一起生活工作，同一个你受不了的人共处可不是什么开心的事，弄不好连工作都要受到影响。但是，宇航员都是职业素养很高的人，他们不会让个人的心情影响到任务的执行。

再说，一次航天时间都相对比较短，一般是一个星期，最多也不过两个星期。对大多数宇航员来说，在这样短暂的时间里，哪怕是与魔鬼同眠都不是问题。

但是，如果是去空间站或去火星，一去就是几个月甚至几年，那可就完全是另一回事了。性格合不来的人长期相处难免产生矛盾冲突，会影响到大家的合作，所以，对宇航员心理素质的要求就显得非常高。

第四章　宇航员——太空里程碑上的飞天英雄

↓宇宙飞船

中国"太空人"是怎样炼成的

"神舟四号"飞船的发射成功，为把中国的航天员送上太空奠定了坚实的基础。中国第一代"太空使者"如何选拔和训练，成为亿万人关注的焦点。

转椅加秋千等于极度眩晕

想成为宇航员，入选条件除飞行时间超过1000小时、基本身体素质良好外，还必须通过航天城特有设施的"技术考验"，其中包括：每分钟转速24圈的转椅，以检查其对震动及眩晕的耐受能力；前后甩动幅度15米的电动秋千，以测试飞船进入轨道时可能使人体产生的空间运动病等。

进入航天城，首先进入眼帘的是一间不大的房子，四面封闭，除了靠墙的一台控制仪外，中央的一张转椅格外引人注目。这张转椅不但可以做180度顺时针和逆时针的快速运转，而且可以同时上下前后摆动。转椅主要是用于检查宇航候选者的前庭神经功能，以了解他对震动及眩晕的耐受能力。

从转椅室出来进入的是电动秋千室，在高达数十米钢架的护卫下，一台貌似汽车的厢式秋千被四条钢臂凌空提起。电动秋千荡起时，前后能甩出15米，它主要是用于让宇航员适应空间运动和开展对空间运动病的研究。

体验"蹦极"

航天城里还有一个"冲击塔室"，内有一座约4层楼高的绿色铁塔。它的作用是模拟飞船返回地球的冲击环境，从而加强人的抗冲击耐力，研究各种方式的防护措施。

3层楼高的离心机室里装备着亚洲规模最大的国产载人离心机。

人体离心机是一种巨大的旋转装置，既可以上下伸缩，也可以左右转动。顶上有一条长达16米的旋转手臂，它用结实的钢架紧紧托住了位于手臂前方的一只椭圆形不锈钢封闭吊舱，这只吊舱也可以呈一定的角度转动，因此可以建立同方向作用于宇航员的超重条件。当整个离心机开起来时，有些像游乐场中的"飞碟"，无论是"房子""手臂"还是吊舱，都在不停地加剧转动摇摆，但其转动的速度和摇摆角度则是"飞碟"无论如何都无法比拟的。

忍受狭小和孤寂

　　宇航员的安全和健康的研究是空间技术发展的一个重点，宇航员训练中心里有各种各样为使宇航员适应太空生活而设置的模拟舱。

　　低压舱是一座淡绿色的T形舱，内有工作舱、休息舱和卫生舱3部分。当宇航员穿上特制的航天服走进低压舱之后，舱内的空气就被抽掉，宇航员此时就开始进入"太空"。狭小的舱内既没有电视也没有音响，就连做一些摇摆幅度较大的健身活动也很受限制，没有电话，无法通信，与社会完全隔绝。学会如何适应这种环境，是宇航员走进太空之前必须攻克的课题。

认识回家的路

　　天象仪室是宇航员模拟训练中的最后一个关卡，宇航员升空执行任务之前必须在这里熟悉星空图，找出自己将要走过的路线，一旦载人飞船的自动导航系统出现故障，宇航员可以自己操控。

↓宇航员的失重训练

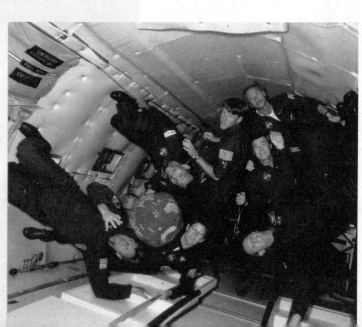

第五章

宇宙飞船——向太空长征的地球守护者

　　宇宙飞船，是一种运送航天员、货物到达太空并安全返回的航天器。它能保证航天员在太空短期生活并进行一定的工作。它的运行时间一般是几天到半个月，可乘载2到3名航天员。

宇宙飞船：麻雀虽小，五脏俱全

宇宙飞船是一种运送航天员、货物到达太空并安全返回的一次性使用航天器。它能保证航天员在太空短期生活并进行一定的工作。它的运行时间一般是几天到半个月，乘载2到3名航天员。

宇宙飞船的技术要求

虽然宇宙飞船是最简单的一种载人航天器，但它还是比无人航天器复杂得多，以至于到目前仍只有美、俄、中三国能独立进行载人航天活动。

宇宙飞船麻雀虽小，五脏俱全。宇宙飞船与返回式卫星有相似之处，但要载人，故增加了许多特设系统，以满足宇航员在太空工作和生活的多种需要。

当然，掌握航天器再入大气层和安全返回技术也至关重要。尤其

是宇宙飞船，除了要使飞船在返回过程中的制动过载限制在人的耐受范围内，还应使其落点精度比返回式卫星要高，从而及时发现和营救宇航员。苏联载人宇宙飞船就曾因落点精度差，结果使宇航员困在了冰天雪地的森林中，差点被冻死。

目前，掌握航天器返回技术的国家只有美国、俄罗斯和中国。人类想要进入太空需具备三个条件，除要研制出载人航天器外，还必须拥有运载力大、可靠性高的运载工具。应弄清高空环境和飞行环境对人体的影响，并找到有效的防护措施。

宇宙飞船的分类

至今，人类已先后研制出三种型号的宇宙飞船，即单舱型、双舱型和三舱型。其中单舱型最为简单，只有宇航员的座舱，美国第一个宇航员格伦就是乘单舱型的"水星号"飞船上天的；双舱型飞船

是由座舱和提供动力、电源、氧气和水的服务舱组成，它改善了宇航员的工作和生活环境，世界第一个女宇航员乘坐的苏联"东方号"飞船、世界第一个出舱宇航员乘坐的苏联"上升号"飞船以及美国的"双子星座号"飞船均属于双舱型；最复杂的就是三舱型飞船，它是在双舱型飞船基础上或增加1个轨道舱（卫星或飞船），用于增加

活动空间、进行科学实验等，或增加1个登月舱（登月式飞船），用于在月面着陆或离开月面，苏联的联盟系列和美国"阿波罗号"飞船是典型的三舱型。

天高任船飞。未来的宇宙飞船将朝三个方向发展：有多种功能和用途；返回落点的控制精度提高到百米级的范围以内；返回地面的座舱经适当修理后可重复使用。

↓依靠飞船成功登月的宇航员

苏联第一代载人飞船："东方号"

"东方号"是苏联最早的载人飞船系列，也是世界上第一个载人航天器。苏联航天员加加林乘飞船绕地球飞行108分钟，安全返回地面，成为世界上进入太空飞行的第一人。

"东方号"飞船设计特点

苏联的"东方号"飞船由两部分组成，上端是球形乘员舱，直径2.3米，重2.46吨，乘员舱外部有两根遥控天线和顶端安装的通信天线，通信电线下端是一个小型通信电子设备舱。

乘员舱侧旁有一个观察窗和一个弹射窗，内部除装有生命保障系统及食物外，还有一台电视摄像机，一个光学定向装置，一个宇航员观测装置和宇航员应答装置。宇航员按设计要一直躺在弹射座椅上，生命保障系统可供宇航员生存10昼夜。"东方号"飞船的下端是仪器舱，它呈圆台圆锥结合体，最大直径2.43米，高2.25米，重2.27吨。在紧靠宇航员舱处有18个球形高压氮气和氧气瓶，用以为宇航员提供尽可能类似地面的大气环境。

"东方号"飞船的轨道设计有一个突出的特点，它采用近地点只有180千米的低轨道，这样低的高度，大气对飞船轨道衰减十分厉害。这种设计有这些优点：一是如果制动火箭系统失灵，飞船可以在10天内逐渐衰减降低轨道，最终以缓慢的速度返回地面；二是飞船设计可以不必考虑复杂的轨道保持系统，简化了设计；三是由于飞船不是垂直高速再入而是缓慢地大倾角再入，因而使烧蚀防热设计更容易些。但随之也带来了一个严重缺点，飞船的再入和着陆点很难预测，而且往往离发射场地很远。

"东方号"飞船飞行过程

"东方号"飞船在正式载人飞行之前，已经进行了7次不载人飞行试验，全面考验了飞船的设计、轨道飞行、飞船回收各个环节，其中有两次还搭载试验用的小狗。载人飞行一共进行了6次。

除加加林的首次航天飞行外，其余5次的飞行简况是：

1961年8月6日，宇航员季托夫乘坐"东方2号"飞船进入地球轨道。原定这次飞行只绕地球3圈，但出于其他原因，飞行时间延长到25小时。结果，季托夫患上了前所未有的太空病，在整个飞行过程中，他一直感觉不佳，许多计划进行的重要实验无法完成。虽然他最后安全返回了地面，但由于太空病的影响，他永久离开了宇航员职业。

1962年8月11日，宇航员尼古拉耶夫乘"东方3号"飞船进入地球轨道。这次飞行持续了近4天。

在他进入轨道第二天，"东方4号"飞船载波波维奇也进入了地球轨道。两艘飞船的轨道非常相似，两者相距仅6.5千米。由于飞船设有机动系统，他们的飞船一同进行了编队飞行。这为未来的交会对接积累了经验。在后来的飞行中，他们进行了重要的生物医学实验，并真正在飞船舱内飘浮移动。8月15日，两艘飞船先后安全返回地面。

1963年6月14日，宇航员比耶科夫斯基驾驶"东方5号"飞船升空。16日，世界第一位女宇航员捷列什科娃乘坐"东方6号"飞船升空。这两艘飞船除各自进行生物医学实验和对地观察任务外，也进行了编队飞行，最近距离只有5千米。6月19日，"东方5号"和"东方6号"飞船安全返回地面。这次飞行，宇航员比耶科夫斯基创造了留空时间119小时的记录。

↓飞船升空

俄罗斯—欧洲合作开发新一代载人太空船

俄罗斯—欧洲合作开发的新一代载人太空船的官方设计图片于2010年公开。该太空船采用俄、欧先进的航天技术，用于替换俄罗斯的"联盟"载人飞船。

靠推进器软着陆

据英国广播公司报道，俄、欧正在联合开发的载人航天器被称为"机组空间运输系统"。俄罗斯航空航天作家、平面设计师阿纳托利·扎克根据俄航天器制造商在英国法保罗夫航空展上公布的设计，推出了新型太空船的设计图。

机组空间运输系统太空船与美国正在开发的"奥赖恩"新型载人飞船在某些方面具有相似性，它重约1—20吨，可以将6名宇航员送入低地轨道，将4名宇航员送入月球轨道。俄罗斯将为太空船发射提供运载火箭，这可能是一种全新的运载工具，或是现有火箭的改进型号。

与之前的载人航天器不同的是，机组空间运输系统太空船在返回地球时，将使用推进器实施软着陆。扎克表示，如果欧洲航天局和俄罗斯联邦航天署达成协议，欧洲将为太空船提供服务舱。这个服务舱将采用欧洲开发的自动转移飞行器所用的技术，如推进系统。自动转移飞行器是一种无人驾驶货运飞船，从2008年3月首次升空后，一直担负为国际空间站运送补给的任务。

两套发射方案

从2006年开始，欧航局就同俄罗斯联邦航天署就联合开发自动转移飞行器展开谈判。俄罗斯在谈判中坚持，未来的所有载人航天项目应在东方港安家落户。东方港是正在俄罗斯东部阿穆尔地区动工建设的新型发射场。俄罗斯政府希望2018年能在此地进行首次载人发射。

作为一种替代方案，两家航天机构也可能选择"载人级"欧洲"阿丽亚娜"5型火箭。"阿丽亚娜"5型火箭目前从法属圭亚那的库鲁航天中心发射。经过改进，"阿丽亚娜"5型火箭可以将宇航员送入太空。不过，这将涉及对库鲁航发射天中心的重大改造，包括基础设施升级，以便在发生紧急事件时支持乘员逃生。

两个航天发射中心在双方合作项目中扮演着重要角色。但是，如果无法达成合作，欧洲还有另一个选择——独自送人上太空。

↓库鲁航天发射中心

扩展阅读

"阿丽亚娜－5"运载火箭由欧洲航天局及国家中央发射场出资建造，以太空载具公司为主要承包商。太空载具公司在欧洲建造火箭及在圭亚那太空中心发射火箭。

阿丽亚娜太空公司的"阿丽亚娜－4"运载火箭虽然十分成功，但无法直接获利，因为其研发耗用了十年及70亿元。"阿丽亚娜"运载火箭从第一次发射成功即进行改良，有"阿丽亚娜"运载火箭的衍生型G、G+、GS、ECA及最新的ES。欧洲航天局原先计划"阿丽亚娜"运载火箭用来发射小型载人航天飞机汉密斯，并以"载人等级标准"来建造，当欧洲航天局将汉密斯计划取消后，"阿丽亚娜"运载火箭才完全为载物用途。

苏联第二代载人飞船："上升号"

　　"上升号"宇宙飞船重5.32吨，球形乘员舱直径与"东方号"飞船大体相同，改进之处是提高了舱体的密封性和可靠性。宇航员在座舱内可以不穿宇航服，返回时不再采用弹射方式，而是随乘员舱一起软着陆。

人类首次太空行走

　　1965年3月18日，苏联发射"上升2号"飞船。这次只载有两名宇航员列昂诺夫和别列亚耶夫。他们此行的目的主要是完成史无前例的创举：太空行走。

　　在飞船进入轨道1个半小时后，列昂诺夫尝试第一次太空行走。他通过长约2.5米，内径1米气闸舱缓冲段，缓慢地进入开放空间，一根长5米的绳索把他与飞船连在一起。可是这次伟绩并不那么壮观，也不十分顺利。

　　首先，他一出舱便遇到了旋转的麻烦，靠自身的能力没有办法消除失重。在舱外停留约12分钟后，他按指令返回座舱，但又碰到另一个几乎致命的问题：在真空条件下宇航服膨胀起来，原来狭小的通道容不下、挤不进。经过几分钟的挣扎，列昂诺夫最后总算安全返回了"上升2号"飞船。这次飞行除完成人类首次太空行走外，还进行了一些有价值的研究。他们在轨道上停留了1天零2小时，于3月19日返回地面。

"上升号"飞船的具体任务

　　"上升号"飞船一共进行了两次发射。1964年10月12日发射的"上升1号"飞船在轨道上飞行了24小时17分钟，3位宇航员完全处于自由状态，不管工作、饮食、休息，都不扎上皮带固定，以充分体验失重状态对人体机能的影响。

1965年3月18日发射的"上升2号"宇宙飞船中两名宇航员中的一位，穿上了特制的宇宙服，在宇宙空间自由飘动，最远飘离飞船5米。对于"东方号"和"上升号"飞船的上天，苏联曾作了大量的宣传，充分赞扬了苏联宇航方面的成就。

1964年10月12日，"上升1号"准时发射，在环绕地球的轨道上飞行了17圈。在飞行中，宇航员按照惯例用无线电电话和赫鲁晓夫通了话，但整个航行没有获得任何具有科学价值的成果。10月13日，"上升1号"飞船安全返回地面。

"上升2号"飞船的飞行，也是美苏太空竞赛的一种表现方式。苏联早就得到消息，美国"双子星座"宇宙飞船上的宇航员要试验空间"行走"，后来更得到了确切的发射日期：1965年3月23日。

为了抢时间，赶在美国之前实现宇航员宇宙"行走"，苏联于3月18日发射了"上升2号"飞船，再一次获得了一个"第一"。美国宇航员到宇宙中"行走"，计划是降低座舱压力，打开舱口出入的。苏联采用了一个简便办法，在舱口安装了一个轻便的出入管道。进入

宇宙的宇航员先进入这个管道，由另一名宇航员从后面封闭管道口，然后那位宇航员就能打开舱口，进入宇宙。

"上升2号"比"双子星座3号"早飞了五天，宇航员列昂诺夫在宇宙中"行走"了9分钟。谁知当他奉命重新返回宇宙飞船时，他的宇宙服如同气球似地膨胀起来，怎么也不能从轻便管道口进入飞船座舱。他费了九牛二虎之力，想了许多办法，一共用了8分钟才挤进座舱。当"上升2号"飞船绕地飞行17圈即将返回地面时，突然遥控装置失灵，制动发动机停止工作。于是按照地面指挥中心的指令，这两位苏联宇航员不得不多飞1圈并且改用手动操纵装置启动制动发动机，这样才得以安全返回。由于这个故障，"上升2号"飞船的实际飞行时间是26小时，而不是原定的24小时。飞船的降落地点也不是原定的苏联南半部地区，而是在北部的彼尔姆附近一个积雪很深且树木稀疏的林区。那天，苏联命令驻扎在远北和北极地区的苏军所有空军部队，随时准备救援。

美国第一代载人飞船："水星号"

"水星号"是美国第一个载人飞船系列，主要目的是试验飞船各系统及失重对人体的影响。从1961年到1963年，"水星号"系列载人飞船共发射了6艘。1961年5月第一艘"水星号"飞船进行了载人亚轨道飞行，开始了美国的载人航天历程。

"水星"计划实现载人空间飞行的突破

"水星"飞船总共进行了25次飞行试验，其中6次是载人飞行试验。"水星"飞船始于1958年10月，结束于1963年5月，历时4年8个月。"水星"计划共耗资3.926亿美元，其中飞船耗资1.353亿美元，占总费用的34.5%；运载火箭为0.829亿美元，占总费用的21.1%；地面跟踪网为0.719亿美元，占18.34%；运行和回收操作费用为0.493亿美元，占12.6%；其他设施为0.532亿美元，占13.46%。

"水星"计划的主要目的是实现载人空间飞行的突破，乘载一名航天员的飞船送入地球轨道，飞行几圈后安全返回地面，并考察失重环境对人体的影响、人在失重环境中的工作能力，重点是解决飞船的再入大气层动力学、热动力学和人为差错对以往从未遇到过的高加速度和零重力的影响等问题。

"水星"飞船总长约2.9米，底部最大直径1.86米，重约1.3—1.8吨，由圆台形座舱和圆柱形伞舱组成。座舱内只能坐一名航天员，设计最长飞行时间为2天，飞行时间最长的一次为34小时20分，绕地22周(1963年5月15日—16日"水星9"飞船飞行)。"水星"的6次载人飞行共历时54小时25分钟。

"水星"飞船的姿态控制系统以自控为主，另有两种手控方式作为备份。航天员仅在必要时使用手控装置控制飞船的飞行姿态，在飞船操纵方面仅起到辅助作用，目的是供地面研究人员了解人在空间飞行环境下的状态和适应能力，但在飞行中也表现出了人类的主观能动性。

水星号飞船为什么首先进行亚轨道飞行

在美苏太空竞赛中，苏联的加加林首次实现太空飞行，拔得头筹。这使得美国人的情绪有些不平衡，而当时美国的"水星"计划还有许多准备工作需要做。

1961年5月5日，命名为"自由7号"的"水星"飞船在卡纳维拉尔角由改装的红石火箭发射升空，飞船上乘坐的是美国第一位宇航员阿兰·谢帕德。这完全是一次弹道发射，飞船上升的最大高度为186千米。飞船正常分离后，又以弹道状进入大气层并安全回收。这种飞行方式被称为亚轨道飞行。据说在全部15分22秒的飞行过程中，谢帕德只有5分钟的失重经历。

时隔两个月，宇航员格里索姆于7月21日乘坐"自由钟7号"飞船又一次进行了亚轨道飞行，基本过程同谢帕德完全相同。

美国为什么首先选择进行亚轨道飞行呢？这主要是因为美国宇航界认为，载人航天技术难度大，在进行正式的轨道飞行之前，应当首先进行较简单的亚轨道飞行试验，以降低飞行的风险，为载人轨道飞行积累经验。另外，美国的载人航天计划一切从零开始，包括运载火箭都是在红石、宇宙神等导弹基础上研制的，进行亚轨道飞行易于取得成功，对在美苏载人航天竞赛中获胜也十分有利。

↓新一代太空飞船示意图

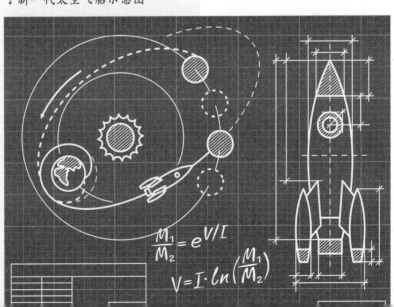

$$\frac{M_1}{M_2} = e^{V/I}$$

$$V = I \cdot \ln\left(\frac{M_1}{M_2}\right)$$

"神舟飞船"：中国的太空骄子

　　"神舟飞船"是中国自行研制，具有完全自主知识产权，达到或优于国际第三代载人飞船技术的飞船。它采用三舱一段，即由返回舱、轨道舱、推进舱和附加段构成，由13个分系统组成。

中国的第一艘无人实验飞船

　　1999年11月20日6时30分，"神舟一号"搭载着中国人的飞天梦想，运载有：中华人民共和国国旗、澳门特别行政区区旗、奥运会会旗等；还有各种邮票及神舟飞船纪念封；以及各10克左右的青椒、西瓜、玉米、大麦等农作物种子，此外还有甘草、板蓝根等中药材，在酒泉卫星发射中心由新型长征运载火箭发射升空，次日凌晨3时41分在内蒙古自治区中部地区成功着陆。飞船在太空中共飞行了21个小时。

　　这次发射首次采用了在技术厂房对飞船、火箭联合体垂直总装与测试，整体垂直运输至发射场，进行远距离测试发射控制的新模式。我国在原有的航天测控网基础上新建的符合国际标准体制的陆海基航天测控网，也在这次发射试验中首次投入使用。飞船在轨运行期间，地面测控系统和分布于公海的4艘远望号测量船对其进行了跟踪与测控，成功进行了一系列科学试验。

　　它是中国载人航天工程的首次飞行，标志着中国在载人航天飞行技术上有了重大突破，是中国航天史上的重要里程碑。

"神舟七号"：标志中国进入载人航天二期工程

　　2008年9月24日下午14时30分在酒泉卫星发射中心的"神舟七

号"载人航天飞行任务总指挥部新闻发布会上，"神舟七号"载人航天飞行任务总指挥部宣布：2008年9月25日21时07分至22时27分择机发射，进行载人航天飞行。届时，中国的航天员将首次出舱来进行太空行走。

北京时间2008年9月25日21时10分04秒988毫秒，"神舟七号"飞船由"长征2号"F火箭发射升空。2008年9月27日16时30分，景海鹏留守返回舱，翟志刚（指令长）、刘伯明分别穿着中国制造的"飞天"舱外航天服和俄罗斯研制的"海鹰"舱外航天服进入"神舟七号"载人飞船兼气闸舱的轨道舱。翟志刚出舱作业，刘伯明在轨道舱内协助（刘伯明的头、手部分出舱），实现了中国历史上宇航员第一次的太

↓"神舟七号"成就中国迈向太空的第一步

空漫步，令中国成为第三个有能力把航天员送上太空并进行太空行走的国家。

北京时间2008年9月28日17时37分，"神舟七号"飞船成功着陆于中国内蒙古四子王旗。

从"神舟七号"开始，中国进入载人航天二期工程。在这一阶段里，将陆续实现航天员出舱行走、空间交会对接等科学目标。整个二期工程的所有发射任务全部由"长征2号"F火箭担任。

"神舟七号"：成就中国迈向太空的第一步

2008年9月27日16时30分左右，在医学专家确认航天员身体情况良好后，地面指挥人员向"神舟七号"航天员下达了出舱命令。

16时39分，身着舱外航天服的"神舟七号"航天员翟志刚和刘伯明打开飞船轨道舱舱门，开始实施中国航天的第一次空间出舱活动。

随后，翟志刚向地面报告："神舟七号已出舱，身体感觉良好，向全国人民，向全世界人民问候。"

16时45分，翟志刚身着中国研制的"飞天"舱外航天服，离开飞船轨道舱，迈出了中国人的太空第一步。

翟志刚挥舞中国国旗，然后开始进行太空行走。在轨道舱内，刘伯明身穿"海鹰"舱外航天服，支持配合翟志刚出舱活动。另一名航天员景海鹏则值守返回舱。

翟志刚在舱外共活动了约20分钟，回收了在舱外装载的试验样品装置，其间还与北京航天飞行控制中心进行了通话。

北京航天飞行控制中心宣布航天员返回轨道舱："各号注意，我是北京，'神舟七号'已返回轨道舱。"

16时58分，北京航天飞行控制中心宣布，中国航天员翟志刚完成舱外活动，从太空回到"神舟七号"载人飞船轨道舱。这标志着他已圆满完成中国航天员的第一次空间出舱活动。

这是中国人在太空中迈出的第一步。中国航天员首次太空出舱活动取得成功，将使中国突破和掌握出舱活动相关技术，这就意味着中国朝着建设太空实验室或空间站的目标又迈进了一大步。